高职高专艺术设计专业规划教材·印刷

SELECTION
AND PREPARATION
OF PRINTING MATERIALS

印刷材料选用
与准备

魏真　王丽娟　等编著

中国建筑工业出版社

图书在版编目（CIP）数据

印刷材料选用与准备 / 魏真，王丽娟等编著. —北京：中国建筑
工业出版社，2014.2
高职高专艺术设计专业规划教材·印刷
ISBN 978-7-112-17709-7

I. ①印… II. ①魏…②王… III. ①印刷材料–高等职业教育–
教材 IV.①TS802

中国版本图书馆CIP数据核字（2015）第018772号

本书针对印刷实际操作过程中所使用的材料，如承印物（纸、纸板等）、油墨、油墨辅料、制版材料、印刷辅料等进行详细地解析，为印刷材料的检测、选用与准备提供正确的方法。教材中对纸和纸板材料的组成、结构性能、印前准备，油墨的组成、性能检测、准备与选用，印版的类型、印版的选用、印版的印前准备等方面进行系统讲解。教材中使用大量真实项目案例，使学习者可以真实、直观地进行学习。本书是一本适用于高职高专艺术设计专业、印刷技术专业、图文信息与处理专业、包装技术与设计专业学生实训教学和印刷行业企业员工技能培训的教材。

责任编辑：李东禧　唐　旭　陈仁杰　吴　绫
责任校对：李美娜　陈晶晶

高职高专艺术设计专业规划教材·印刷
印刷材料选用与准备
魏真　王丽娟　等编著
*
中国建筑工业出版社出版、发行（北京西郊百万庄）
各地新华书店、建筑书店经销
北京嘉泰利德公司制版
北京方嘉彩色印刷有限责任公司印刷
*
开本：787×1092毫米　1/16　印张：6　字数：137千字
2015年4月第一版　2015年4月第一次印刷
定价：36.00元
ISBN 978-7-112-17709-7
　　　　（27001）

"高职高专艺术设计专业规划教材·印刷" 编委会

序

　　2013 年国家启动部分高校转型为应用型大学的工作，2014 年教育部在工作要点中明确要求研究制订指导意见，启动实施国家和省级试点。部分高校向应用型大学转型发展已成为当前和今后一段时期教育领域综合改革、推进教育体系现代化的重要任务。作为应用型教育最基层的众多高职、高专院校也会受此次转型的影响，将会迎来一段既充满机遇又充满挑战的全新发展时期。

　　面对众多研究型高校转型为应用型大学，高职、高专作为职业技术的代表院校为了能够更好地迎接挑战，必须努力提高自身的教学水平，特别要继续巩固和加强对学生操作技能的培养特色。但是，当前职业技术院校艺术设计教学中教材建设滞后、数量不足、种类不多、质量不高的问题逐渐显露出来。很多职业院校艺术类教材只是对本科教材的简化，而且均以理论为主，几乎没有相关案例教学的内容。这是一个很大的问题，与当前学科发展和宏观教育发展方向是有出入的。因此，编写一套能够符合时代发展需要，真正体现高职、高专艺术设计教学重动手能力培养、重技能训练，同时兼顾理论教学，深入浅出、方便实用的系列教材就成为了当务之急。

　　本套教材的编写对于加快国内职业技术院校艺术类专业教材建设、提升各院校的教学水平有着重要的意义。一套高水平的高职、高专艺术类教材编写应该有别于普通本科院校教材。编写过程中应该重点突出实践部分，要有针对性，在实践中学习理论，避免过多的理论知识讲授。本套教材邀请了众多教学水平突出、实践经验丰富、专业实力雄厚的高职、高专从事艺术设计教学的一线教师参加编写。同时，还吸纳很多企业一线工作人员参加编写，这对增加教材的实用性和实效性将大有裨益。

　　本套教材在编写过程中力求将最新的观念和信息与传统知识相结合，增加全新案例的分析和经典案例的点评，从新时代的角度探讨了艺术设计及相关的概念、方法与理论。考虑到教学的实际需要，本套教材在知识结构的编排上力求做到循序渐进、由浅入深，通过大量的实际案例分析，使内容更加生动、易懂，具有深入浅出的特点。希望本套教材能够为相关专业的教师和学生提供帮助，同时也为从事此专业的从业人员提供一套较好的参考资料。

　　目前，国内高职、高专艺术类教材建设还处于起步阶段，还有大量的问题需要深入研究和探讨。由于时间紧迫和自身水平的限制，本套教材难免存在一些问题，希望广大同行和学生能够予以指正。

总主编　魏长增

2014 年 8 月

前　言

　　《印刷材料选用与准备》以材料学的基本原理为基础，密切结合印刷企业在印刷过程中遇到的材料检测与准备方面的问题设置教材内容。该教材以"工学结合、能力为本"的教学理念为指导，教学内容的选取与行业、企业对人才的要求紧密相连，以职业教育的要求为指导，结合企业的实际生产流程，以项目教学为模式，针对每一个项目设计了典型的工作任务，包括纸张、油墨、版材等材料的结构类型、性能检测和印前准备等任务。

　　本书由魏真老师统稿，编写的具体分工为：项目一，纸张的检测与准备中纸张的组成与结构部分由魏真老师编写；纸张的性能与检测和纸张的类型部分由王丽娟老师编写；纸张的印前准备部分由李成龙老师编写。项目二，油墨的检测与准备中油墨的组成与性能部分由魏真老师编写；油墨的检测部分由吴振兴老师编写；油墨的选用与准备部分由刘俊亮老师编写。项目三中，印版的检测与准备中印版的类型由石玉涛老师编写；印版的选用部分由李晓娟老师编写。图片的制作和编辑由魏真老师、刘俊亮老师和李成龙老师完成。文字和图片的校对由李晓娟老师完成。

　　由于教学讲解所需，书中使用了部分网络图片，来源实难考证，敬请谅解。编者水平有限，书中难免出现疏漏和谬误，恳请广大读者指正。

目　录

概　述

　　随着社会的进步，市场经济的发展，人们对印刷品质量的要求越来越高。而印刷技术的更新和发展，在很大程度上取决于印刷材料的更新和发展。造纸技术、制墨技术与印版制造技术的不断进步，各种不同类型的纸张、油墨、印版不断出现，使印刷材料、印刷工艺的选择范围进一步加大。不同的印刷材料具备不同的印刷适性，呈现出的印刷效果也大不一样，因此正确的选择印刷材料是生产一件高质量印刷品的关键。

　　纸张是印刷生产中最主要的承印材料，不同类型的纸张由于其原料、制造工艺的差别，其各项理化性能也有很大差异，对印刷品质量的影响也很大。例如：不同的纸张，即使使用相同的油墨印刷，所呈现的色彩也会有很大的差异。纸张表面的平滑度直接影响到油墨在其表面的成膜性，这会影响油墨墨膜的光泽度及其颜色性能。纸张的白度也会对油墨墨膜的色彩性能造成影响，纸张白度越高，油墨墨膜的呈色性越好，印刷品的颜色也就越鲜艳。不同的造纸方法制造的纸张酸碱度不同，抵抗空气中的酸性气体的能力不同，纸张的寿命也就有所不同。因此我们在印刷一些保存时间较长的纸张时一般采用碱式造纸法制造的纸张。我国的宣纸有"纸寿千年"的美誉，就是合理利用了纸张的酸碱度，使得纸张获得了较长的保存时间（图 0-1）。

　　油墨是形成印刷图文，并使印刷品呈色的印刷材料，虽然在印刷品制造过程中用量少、成本占比低，但是，其性能直接决定了印刷品的质量。油墨的着色力、透明度、干燥性能、流动性、黏着性直接决定了油墨的转移性能及油墨在印刷品表面形成的墨膜的呈色性能。特种油墨更是能赋予印刷品特殊的效果，如金属蚀刻效果、立体效果、镭射效果等。油墨是多项混合体系，其色料、连结料、助剂中有一部分材料会对环境造成污染，用于食品包装印刷的油墨中对人体有害的成分会直接危害食用者的身体健康，在使用的时候要特别注意。目前，环境保护问题日益严峻，油墨产品受到了绿色生产及绿色产品理念的巨大冲击，各种绿色包装印刷油墨越来越引起人们的重视。水性油墨作为一种新型绿色包装印刷材料，其最大的优点是不含挥发性有机溶剂，它的使用

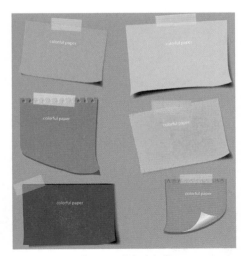

图 0-1　彩色的纸张

降低了空气中的有机挥发物含量，不会损害油墨制造者和印刷操作者的健康，改善了环境质量。同时，水性油墨没有溶剂型油墨中所含有的有机溶剂，具有无腐蚀性的优良特性，不会对包装商品造成污染，可广泛地应用于卫生条件要求严格的包装印刷品。目前我国推行的绿色化印刷标准有助于印刷企业甄选无毒无害的绿色油墨，进一步推动印刷生产过程及印刷品的无害化（图0-2）。

印版是传统印刷工艺中油墨转移的载体，是不同印刷加工方式的核心区别，不同的印版使用的领域有所不同，印刷效果、印刷质量和印刷成本也不同，印刷生产企业及客户可以根据印刷效果、印量、价格来选择合适的印刷加工方式（图0-3）。

印刷材料的质量对生产的流程有很大的影响，选择质量稳定的印刷材料进行合理的仓储及运输，能够显著提升印刷产品质量，为印刷加工企业带来更大的效益，这也是印刷专业学生所需学习的基本知识。

图0-2　四色印刷油墨　　　　　　　　图0-3　英文活字印版

项目一　纸张的检测与准备

项目任务

1）印刷纸的组成；

2）纸张的性能与检测；

3）纸张的类型及印前准备。

重点与难点

1）纸张的理化性能；

2）用纸令数的计算。

建议学时

25 学时。

1.1　纸张的组成与结构

1.1.1　纸张的组成

中国古代四大发明：造纸术、指南针、火药、印刷术，其中有两项与印刷有关，因此印刷的发展是同中国文明的发展息息相关的。

纸张从结构上看是纤维素间通过氢键相互黏结起来的随机取向的层次网络，如图 1-1 所示。因此造纸的纤维必须满足下面两个条件：纤维间能相互粘结；纤维能形成随机取向的层次结构。自然界中能满足这一条件的只有纤维素纤维，如图 1-2 所示。因此纤维素纤维是最基本的造纸原料，也是纸张的最基本组成成分。纸张为了获得各种性能还会加入各种辅料，纸张中添加的辅料主要有填料、胶料、色料，如表 1-1 所示。

纸张的组成：如植物纤维、填料、胶料、色料。

纸张的组成　　　　　　　　　　　　　表 1-1

纸张	植物纤维	纸张的基本成分	棉、麻、木材、芦苇、稻草、麦草等
	填料	使纸张平滑，同时提高纸张的不透明度和白度	滑石粉、硫酸钡、碳酸钙、钛白等
	胶料	使纸张获得抗拒流体渗透及流体在纸面扩散的能力	松香、聚乙烯醇、淀粉等
	色料	校正或改变纸张的颜色	群青、品蓝

图 1-2　放大镜下的
纤维结构图

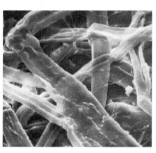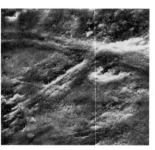

图 1-1　纸张表面放大图（左：非涂布纸，右：涂布纸）

1. 纸张的主体材料——植物纤维

1）木材纤维原料类：针叶木（又称软木：云杉、冷杉、铁杉、落叶松、柏木、松木等）、阔叶木（又称硬木：杨木、桦木、枫木、桉木等），如图1-3、图1-4。

2）非木材纤维原料类

（1）禾本科植物纤维（草类纤维）原料：稻草、芦苇、甘蔗渣、竹子、龙须草、玉米秆及高粱秆等（图1-5 ~ 图1-11）。

（2）韧皮纤维类、各种麻类及某些树种的树皮，如亚麻、大麻、桑皮（图1-12）。

（3）种毛纤维原料类，如棉花（图1-13）。

图1-3　阔叶木

图1-4　针叶木

图1-5　竹子

图1-6　芦苇

图1-7　稻草

图1-8　玉米秆

图 1-9　甘蔗

图 1-10　甘蔗渣

图 1-11　龙须草

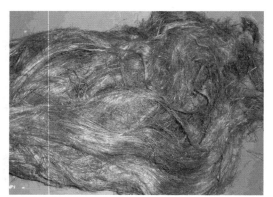
图 1-12　亚麻纤维

图 1-13　棉花

2. 造纸纤维原料的化学组成及特点

1）纤维素

纤维素是植物纤维的主要成分，纯粹的纤维素无色，不溶于水，易燃。密度约为 1.55g/cm³，其分子式为（$C_6H_{10}O_5$）n，为线型高分子化合物，具有柔性，纸张在印刷中易产生加压形变。

纤维素结构决定其具有很多的性质：

（1）纤维素与水的作用

纤维素与水的结合能力很强，因此由植物纤维构成的纸张的吸水性很强。

（2）纤维素的机械降解与氧化降解

在机械力或化学溶液的作用下，纤维素大分子能够断裂成小分子。从宏观上看，由纤维素构成的纸浆经过打浆处理后，纤维素会断裂，造出的纸张会更加

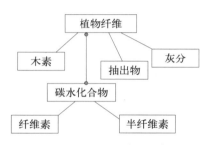

图 1-14 造纸纤维原料的化学成分

致密均匀。造纸时加入的酸液（酸式造纸法）或碱液（碱式造纸法）在去除木素的同时，也会使得纤维素分子降解。空气中的氧气同样能够使得纤维素分子断裂。我们的纸张暴露在空气中，多年后纸张出现脆裂甚至粉化就是空气中的氧气、二氧化硫等气体对纸张氧化降解的结果。

（3）纤维素的润胀与溶解

纤维素分子与水分子结合后体积上变大的现象称为润胀，从宏观上来看，纸张的尺寸会因为润胀而变长。纤维素降解后的小分子在一定条件下可以在水中溶解。

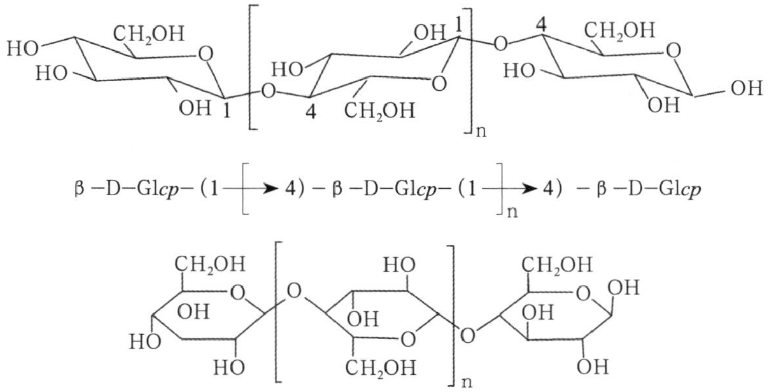

$$\beta-D-Glcp-(1 \longrightarrow 4)-\beta-D-Glcp-(1 \longrightarrow 4)_n-\beta-D-Glcp$$

图 1-15 纤维素分子式

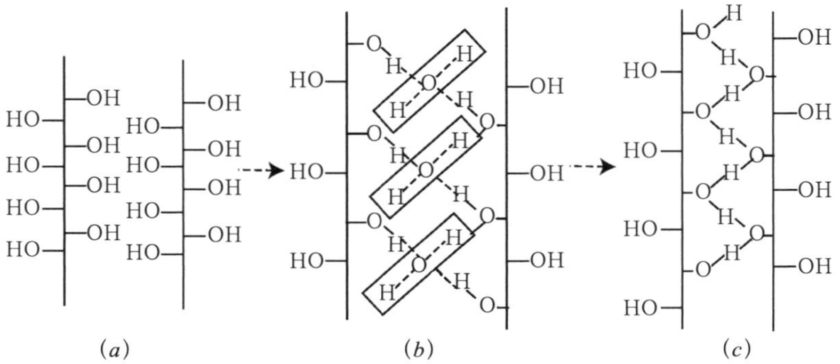

图 1-16 纸张中纤维素的氢键形成示意图
(a) 纤维素分子链上的羟基；(b) 与水结合形成的水桥；(c) 脱水后形成的氢键

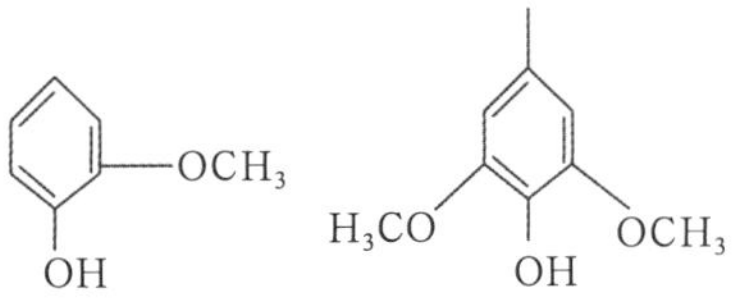

图 1-17 木素的基本单元结构

愈疮木基　　　　紫丁香基

2）半纤维素

半纤维素是在植物中与纤维素共存的多糖，即除纤维素以外的碳水化合物。半纤维素是多种复合聚糖的总称。

3）木素

木素是一种具有空间结构的天然高分子化合物，约占植物纤维原料的 20% ~ 30%，木素不是单一物质，而是具有共同性质的一群物质。木素的基本结构，如图 1-17 所示：

木素具有以下性质：①木素不溶于水，在常温下不易溶于稀酸、稀碱。高温下一定浓度的酸和碱能和木素发生化学反应，使网状主体结构的不溶性木素的大分子降解为易溶性的小分子并溶于蒸煮液中，使纤维细胞分离开来，且变得比较疏松柔软。木素的这一性质主要就用在制浆时提取原料中的纤维。②木素能被氧化剂氧化。造纸中的漂白过程，就是利用漂白剂的氧化作用破坏残留在纸浆中的木素分子，使之变成易溶性的小分子，把纸浆中的纤维进一步提纯，以便造出的纸张白度高、质量好。③缺点：褐色、使纸张发黄、发脆，不能长期保存。

其他少量成分：植物纤维原料中的次要成分有果胶质、矿物质和各种提取物等。

3. 辅料

1）纸张中加入填料的作用

①提高纸张的平滑度。细小的填料粒子能填平纸张表面的缝隙，从而提高纸张的平滑度。

②提高纸张的光泽度和白度。用来做填料的物质是一些白度高于植物纤维的细小粉末，如碳酸钙、硫酸钡、滑石粉等。这些粒子能够依靠自身白度来提高纸张的白度。由于其粒径非常细小能够提高光线在纸张表面的反射率从而提高纸张的光泽度。

③增强薄纸的不透明度。由于填料粒子对于入射光线的折射率均大于纤维对入射光线的折射率（表 1-2），填料粒子的存在使得光线穿透纸张的可能性变小，从而提高纸张的不透明度。

④减少纸张受冷、热、干、湿的影响。填料粒子吸收水分后不会产生尺寸上的变化，而纤维分子吸收水分后会产生润胀现象，使得纸张的尺寸变大。因此填料粒子的存在会降低纸张对于湿度的敏感性，减少纸张因为湿度的变化而产生的变形。

⑤节约纤维。同等重量的纸张中填料粒子占据的比重越大，则纤维的比重会越小，从而减少纤维的用量。但是如果加入过多的填料粒子，会造成纸张的掉粉现象，因此纸张所含的填料应该适量。

常见填料及性质　　　　　　　　　　　　　　　　　　　　　　表 1-2

填料种类	化学组成	相对密度	折光率
滑石粉	30.6%MgO，62%SiO_2	2.7	1.57
瓷土	39%Al_2O_3，45%SiO_2	2.58	1.56
沉淀碳酸钙	98.6%$CaCO_3$	2.65	1.658
钛白	98%TiO_2	3.9	2.65
硫酸钡	97%$BaSO_4$	4.3 ~ 4.4	1.64

2）纸张中施加胶料的作用

①防止纸张脱粉。胶料的存在能够防止纸张内部及表面的填料粒子的脱落，减少纸张的掉粉现象。

②增强纸张的光泽度和光滑度。施胶的纸张经过压光处理，其光泽度、平滑度均会产生一个较大的跃迁。

③增加纸张的强度。纸张施胶后纸张表面强度得到较大改善，纸张内部强度也会因为纤维之间的黏接增强而增强。

④增强抗水性。施胶的最重要的目的就是增强纸张的抗水性能。纤维本身的吸水性很强，如果不施胶纸张会因为吸水性太强而产生洇纸、网点扩散严重、图文失真等情况。因此施胶会降低纸张对于油、水的吸收性，对于印刷用纸张、书写类纸张的使用有较强的实际意义。

图 1-18　纸张中添加的胶料

胶料的种类：用于纸张内部施胶的有：松香胶、强化松香胶、分散松香胶和合成胶；用于纸张外部施胶的有：氧化淀粉、聚乙烯醇、羧甲基纤维素、动物胶、合成树脂（图 1-18）。

3）纸张中加入色料的作用

①纠正色偏。纸张的颜色一般偏黄褐色，我们可以在纸张中加入群青色或品蓝色的颜料来纠正纸张的偏色。

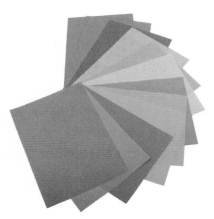

图 1-19　纸张中添加的色料

②提高白度。根据人眼的特点，我们判断纸张的白度不仅仅根据其表面反射的光量的多少，如果两张纸张反射的光能量相同，我们认为反射光谱中接近白光的纸张的白度要高。因此，我们可以通过添加色料来提高纸张的白度。

③造彩色用纸。为了获得具有特定颜色的纸张，我们会在造纸的过程中添加一定颜色的色料，来提高纸张的观赏价值或防伪性能（图 1-19）。

1.1.2　纸张的结构

纸张不但具有多种成分，而且具有复杂的多孔结构。纸张加工方法的差异也会导致纸张的结构有所不同。纸张在 X、Y、Z 三个方向上的分布具有各向异性，并且大多数纸张具有明显的两面异性。纸张内部纤维、填料、胶料和色料之间的结合力多种多样，因此纸张属于多种物质组成的混合结构。

1. 纸张的均匀度

1）纸张均匀度的概念

纸张的均匀度表示纸张的均一性，通常描述纸中纤维和其他固体物质分布相对均匀的情况，也指在一定面积上纤维和结构组成的分布情况。

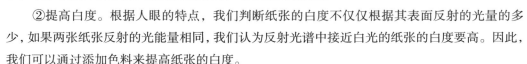

2）影响纸张均匀度的因素

纤维的特性、化学填料的分散程度会影响纸张的均匀度。抄造纸张时纸料浓度及流速也会对纸张均匀度造成影响。

3）纸张均匀度的测定

纸张均匀度的测定是在投射光的照射下，以光密度波动来表示，也可以采用人工视觉的方法来判断。纸张出现云彩斑点、发亮或发暗均表示纸张不够均匀。

2. 纸张的丝缕

纸张的丝缕是指纸张中大多数纤维的排列方向。一般将沿造纸机运行方向的称为纸张纵向（MD：MACHINE DIRECTION），另一方向称为纸张横向（CD：CROSS DIRECTION）。因现代的纸机多为高速夹网纸机，所以造成了纸张有明显的丝向。一般而言，印刷厂可以从所采购的纸张合格证上的纸张规格来区分出纸张的丝向，因为正规的纸张供应商一般会按纸张的丝向（纵向）——平行于纸张规格的后面数字，为原则来进行合格证的标识，如合格证上标识787mm×1092mm，则纸张的纵向平行于1092mm边；反之，如合格证标识为1092mm×787mm则表示纸张的纵向平行于787mm边。

1）纸张丝缕的形成

在纸张的抄造过程中，由于抄造网的运转方向带动纤维呈现一定方向的排列，从而形成了纸张的丝缕现象。

2）纸张中纤维的纵、横向对纸张各个方向性能的影响

纸张的纵横向对纸张的各个方向的性能有较大影响。顺着纤维排列的方向纸张的耐撕裂度有明显的降低，垂直于纤维的排列方向纸张的耐撕裂度较高，而且裂痕往往会偏转方向。

3）对印品质量的影响

对印品质量影响最大的是纵、横向吸水后，膨胀的尺寸不一样，纵向与横向的变形率之比约为2 ∶ 10，如果不将纸张的润胀变形量进行补偿会影响印刷时套印的准确度。

1.1.3 纸张的制造概述

1. 制浆

制浆流程：备料 – 蒸煮 – 洗涤 – 漂白 – 打浆（图1–20）。

1）备料

备料：备料是指在制浆前对植物纤维原料进行加工处理，包括原料的收集、存储、切削、除尘与筛选等（图1–21、图1–22）。

2）制浆的方法

制浆：是指利用化学或机械的方法或两者相结合的方法从植物原料中分离出纤维的生产过程（图1–23）。

制浆方法：化学法（酸法和碱法）、机械法、化学机械法。在本节中重点介绍化学法制浆中的碱法、机械法等常见的制浆方法。

图 1-20　造纸的基本流程图

图 1-21　造纸用的木片

图 1-22　用废纸原料造纸

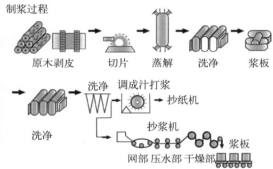

图 1-23　制浆过程流程图

（1）化学法制浆

碱法制浆原理：碱法制浆就是用碱性化学物的水溶液蒸煮植物纤维，使木素在高温、高压下发生降解而溶于碱性溶液中，从而使纤维分离出来。蒸煮用药液：$NaOH+Na_2S$（氢氧化钠和硫化钠）。

此法的优点：①原材料适用范围广，适用于大多数原材料（木材、非木材均可）；②木素去掉较净，其纸张保存的时间较长。

此法的缺点：①纤维强度和纸浆得率较低；②纸浆颜色深；③废液对环境的污染严重。

此法可生产各种工业用纸、技术用纸、文化印刷用纸。

（2）机械法制浆

机械法制浆又称磨木法制浆，将木质纤维磨成浆，它不需要加入化学物质和其他材料，这样制出的纸浆称为机械木浆。

此法的优点：①纸浆得率高；②不需要化学药品、热量，因此生产成本低；③纸张吸墨性能好，不透明度高，印刷适性好；④对环境的污染远比化学浆小。

此法的缺点：①原料必须为木材原料，所以受资源限制；②纸张纤维短，非纤维组含量高，成纸的白度和强度均较低，由于木材中的木素和其他组分绝大多部分保留在浆中，所以用磨木浆生产的纸张容易变黄发脆，不能长期保存。

此法主要生产新闻纸、平装书纸等一些廉价纸张。

3）纸浆的筛选和净化

（1）筛选

目的：除去纸浆中所含的各种纤维性和非纤维性杂质，获得各种良浆。

杂质的危害：损坏设备、妨碍正常的生产、造成各种纸病，降低产品质量。

筛选：利用杂质外形尺寸和几何形状与良浆不同的特点，通过不同形式的筛选设备将其分开。

（2）净化

利用杂质的比重较良浆大的特点，采用重力沉降或离心分离的方式除去杂质的过程。纸浆净化的程度可以使用尘埃纤维测定仪进行测定（图1-24）。

4）纸浆的漂白

纸浆漂白的目的：将本色纸浆用漂白剂处理，脱出纸浆中有色物质和其他杂物以提高纸浆的白度和纯度。因漂白剂性质不同，对纸浆作用原理也会不相同。氧化型漂白剂，除了可去除有色物质外，还进一步脱除残余的木素和其他杂物，提高了纸浆白度和纯度，并能使白度持久。磨木浆、半化学浆等高得率浆，使用还原型漂白剂，只能使发色物质脱色，不会造成纤维组分的损失，可保持纸浆原有特性，但白度不能持久，易返黄，不宜抄造需长期保存的纸张。

纸浆漂白前后的对比，如图1-25、图1-26。

5）打浆

打浆：是指利用机械法处理悬浮在水中

图1-24　尘埃纤维测定仪

图1-25　漂白前的纸浆

图1-26　漂白后的纸浆

的植物纤维，使其具有满足造纸生产要求的特性，而生产出来的纸张又具有预期的性质，对植物纤维束进行充分的分散，适当地切断，"帚化"，润胀等处理的过程（图1-27）。

打浆与纸张性能的关系影响纸张的裂断长、撕裂度、耐折度、吸收性、表面强度、透气度、伸长率、紧度、耐磨性等。如果原材料一样，打浆度不同，生产出的纸张性能完全不一样（图1-28）。

调料是指根据纸张不同的要求，在打浆时，往打浆机里投入胶料、填料、色料等加填材料。调料的目的主要是通过往制浆中加填不同的填料，改进纸浆或纸张的相关质量指标，但并不是所有纸张都必须经过调料处理。

2. 抄纸

抄纸是指将处理好的纸料，在抄纸机的成网上交织成湿页薄层，经压棍压榨、干燥部加热，除去纸页中的水分，使纸张达到产品规定的干燥程度，经压光后而制成纸张。造纸机有长网、圆网及夹网造纸机，长网造纸机是目前应用最为广泛的造纸机（图1-29）。

抄纸的过程决定了纸张的许多性质，如纤维流向、尺寸、正反面、定量、紧度、平滑度、光泽性等（图1-30）。

1）决定纸张的尺寸：抄纸机的宽度就是卷筒纸的宽度。

2）决定纸张的紧度：纸张的紧度与抄纸过程中的压榨、压光环节有关。

3）决定纸张的纤维流向及纸张的各向异性：纸张抄造过程时由于受铜网的牵引力使得纤维的排列与铜网运动的方向一致，纸张当中的纤维排列带有方向性。纸张纤维定向排列后，与纤维排列方向一致的方向为纸张的纵向，与纤维排列垂直的方向为纸张的横向。

纸张的各向异性：是指纸张的纵横方向上的性质不一样（图1-31）。

图1-27　纸张打浆机

图1-28　打浆对纤维产生的效果
a. 打浆前的长纤维；b. 切断长纤维；c. 帚化纤维

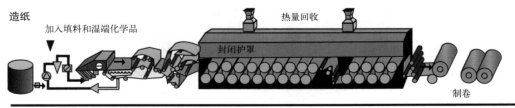

图1-29　造纸机示意图

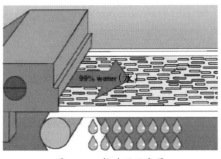

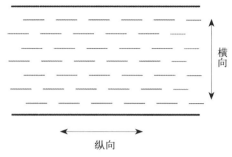

图 1-30   抄造网示意图   图 1-31   纸张的纵横向

4）决定纸张的正反面及纸张的两面异性：造纸过程中，纸页的形成过程总是一面与网面接触，其表面产生网纹的痕迹；另一面与毛毡接触，从而造成两个不同的表面形态。即纸张由正、反两面，正面为毛毡面，反面为网面。

由于纸张有正反面，所以纸张具有两面异性：白度、平滑度、光泽度、平整度、正反面的吸水速度、吸收的均匀程度均不一致（图 1-32 ）。

3. 纸页的干燥及后处理

1）干燥的目的和作用：脱水、提高纸和纸板的质量。

2）干燥方法：接触干燥和空气干燥。

3）干燥对纸张质量的影响：干燥能够提高纸张的强度；干燥能够降低纸张的伸缩变形率；干燥能够提高纸张的平滑度。

纸的完成整理包括：超级压光、复卷、切纸、选纸、数纸、打包等过程。纸有平板纸和卷筒纸，平板纸增加切纸、选纸和数纸的过程。最后打包、出厂（图 1-33 ～图 1-35 ）。

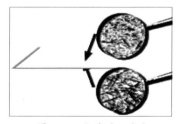

图 1-32   纸张的正反面   图 1-33   卷筒纸

图 1-34   卷筒纸分切机

图 1-35　平板纸的打包

1.1.4　纸张的规格与开本

1. 纸张的规格

1）平板纸：其常用尺寸为 850mm×1168mm（大开本）、787mm×1092mm（小开本）、880mm×1230mm、889mm×1194mm、787mm×960mm、690mm×960mm 等六种。幅面尺寸（宽度 × 长度）误差不超过 ±1mm，对于印刷封面及较精致的画册，幅面尺寸（宽度 × 长度）误差应不超过 ±0.5mm。

2）卷筒纸宽度：1575mm、1092mm、880mm、787mm 四种；其宽度误差不超过 ±1mm。

一般复印纸常按尺寸可分为 A 和 B 两类：

A 类就是我们通常说的大度纸，整张纸的尺寸是 889mm×1194mm；

B 类就是我们通常说的正度纸，整张纸的尺寸是 787mm×1092mm。

2. 纸张的开数

不同的印刷设备所印刷的最大幅面不同，我们在印刷前要根据印刷设备，以及印刷品的尺寸裁切纸张，使之适应印刷机的印刷幅面，节约物料。目前平张纸的尺寸分为国内开型和国际开型两种。国内开型就是我们平时所说的 8 开、16 开、32 开等，国际开型又分为 A 型和 B 型两种，它们按规格裁切后就是我们平时所说的 A4 纸、A3 纸、B4 纸、B5 纸等。

开数，是指一张全张纸张能够开出多少块均等的小块纸张。全张纸就是我们所说的全开。全张纸裁切一次分为两张纸，就成为 2 开或者对开；全张纸从中间裁切两次分为四张纸，就称作 4 开；裁切 3 次为 8 开；4 次为 16 开。以此类推。

在我国人们喜欢用开型来表示纸张的大小，也就有了 8 开、16 开的称呼。在国际上人们喜欢在纸张类型后面加上裁切次数。所以裁切 A 类纸张也就有了 A3、A4 的称谓了。实际上A3 就是纸张裁切 3 次，也就是 A 类纸张的 8 开。A4 是纸张裁切 4 次，也就是 A 类纸张的 16 开。B 类纸张也是如此。

国内开型的全开尺寸一般为 787mm×1092mm，国际开型 A 类纸一般为 880mm×1194mm。由此看出国际开型的纸张要比国内开型的纸张幅面大，所以我们在印刷不同的印刷品时要注重选择不同幅面的纸张，比如印刷合开的书刊我们完全可以选择国内开型的纸张。如果要印

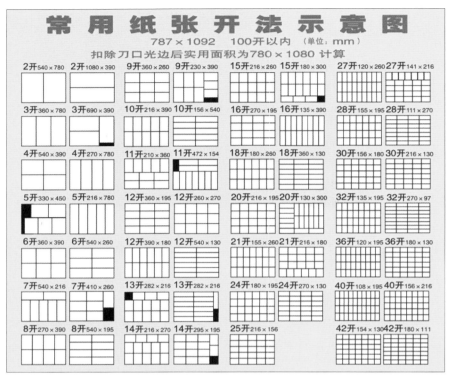

图 1-36　国内开型纸张裁切

刷 A4 幅面的印刷品，如楼盘宣传单、DM 单，广告单页等就需要选择国际开型纸张，否则纸张与印刷品不合开，造成浪费（图 1-36）。

1.2　纸张的性能与检测

1.2.1　纸张的性能

1. 纸和纸板材料的性能要求

1）外观性能

纸张常见的外观纸病有：尘埃、脏点、云彩花、透光点、透帘、匀度不良、褶子、皱纹、斑点、汽车斑、湿斑、特征硬质块、孔洞、针眼、色调不一致、卷边、翘曲、泡泡沙、网痕、毛毯痕、压花、玻璃花、砂子、硬质块、条痕、掉毛掉粉、切边不齐。合格的纸张要求必须表面平滑，无外观纸病。

皱纹指纸张通过胶辊后造成的折子，纸面有凸凹不平和曲皱。印刷时，会造成墨迹不清，套印不准，或影响自动续纸器正常工作，书写时影响字形美观。

褶子是指纸页重叠或折叠过的条痕，有褶子的纸样，纤维受到破坏，影响纸张强度。活褶子在张力作用下能够伸开，而死褶子在外力的作用下不容易张开，严重的死褶子会轧坏印版，所以有死褶子的纸张不能印刷。另外还会影响书写或其他用途。

尘埃、脏点指纸面上用肉眼可见，并与纸面颜色有显著区别的细小脏点杂质。尘埃多的纸，用来书写会使数字、文字出差错；印图画、人像等会影响画面色泽美观或造成人像脸上有麻点；印文件易发生标点符号错误等。

特征硬质块指纸面上存在的质地坚硬，高出纸面的块状物质或粗枝状物质，如木屑、木节、金属块、草节、纤维束、线结、浆疙瘩等。特征硬质块纸张对印刷危害很大，它在印刷中会轧坏胶辊或印版，使所印的字画不清；书写时有硬质块易被笔尖勾起，影响书写；作包装时有硬质块处强度低而易引起破裂。

2）强度性能

纸张的强度性能通常用纸张的整体性遭到破坏和结构发生不可逆改变的那些应力数值来表示。机械强度是大多数纸种的基本的和重要的性质之一。根据作用于纸上力的性质不同，用抗张强度、耐折度、耐破度、撕裂度和抗冲击强度等不同的指标来表达纸的强度。

有些成分组成的纸张的强度，事先难以预测，但大部分纸的抗张强度、耐破度和耐折度指标，数值上均接近于纸浆成分中强度最大的成分的相应指标。对纸的强度有影响的主要因素有：

（1）纸中纤维相互间的结合力和这些力作用的表面积；

（2）纤维本身的强度，它们的柔韧性和大小；

（3）成纸中纤维的分布，即它们排列的方向、堆积的密度等。

纸中纤维的分布也影响它们相互接触的表面积，因而也影响纤维间的总结合力。此外随着成纸中纤维排列方向的改变，也改变前两种因素对纸张强度的相互影响。

3）抗弯曲及压缩性能

抗弯曲及压缩是衡量纸和纸板成型后强度的重要指标，包括挺度、环压强度、边压强度、平压强度等。

对箱板纸和白板纸来说，挺度是一项基本性能指标，是测量纸和纸板抗弯曲能力的，是指在一定条件下弯曲宽度为 38mm 的试样至 15° 时的弯矩。挺度直接影响折痕挺度的大小（另一影响因素为模切压力），从而影响成品成型。挺度小，成品易压溃，翘曲；挺度大，成品难于成型。包装用纸对挺度有要求，不同定量的纸张挺度不同，一般与厚度的平方是正比关系，纸板越厚挺度越高。

环压强度表示纸板边缘承受压力的性能，是箱纸板和瓦楞原纸重要的强度指标。将一定尺寸的试样插入圆形托盘内，使试样侧边形成圆环形，然后放入压缩仪的压板，在其上进行电动匀速压缩，当试样压溃时所显示的数值，即为环压强度。

边压强度是一定宽度的试样，在单位长度上所能承受的压力，它是指承受平行于瓦楞方向压力的能力。边压强度是影响纸箱抗压强度的重要因素之一，它是瓦楞纸板生产过程中主要的质量控制项目，通过边压强度可以预测纸箱抗压强度。纸板环压强度影响瓦楞纸板的边压强度，而瓦楞纸板的边压强度将对纸箱的整体抗压强度产生重要影响。

平压强度是指一定规格的试样在槽纹仪上起楞后用胶带黏成单面瓦楞，在压缩试验仪上进行压缩，直至压溃时所能承受的最大压缩力，以 N 表示。

4）表面性能

纸和纸板的表面性能对印刷品的质量起着至关重要的作用。纸和纸板的表面性能包括粗糙度、平滑度、印刷表面强度、掉毛、耐磨、黏合等性能。

5）透气与吸收性能

纸和纸板的透气性指透气度、透气阻力、水蒸气透过率等。吸收性能指吸水性、油墨吸收性、施胶度等。

透气度是指在规定的条件下，在单位时间和单位压差下，单位面积纸和纸板所通过的平均空气流量，单位以微米/（帕斯卡·秒）表示。印刷材料透气度是影响产品货架期质量的重要因素之一，也是分析货架期的重要参考之一。企业通过对该项检测项目的测试分析，能解决由于产品对水蒸气敏感而产生的受潮变质等问题。

纸是具有多孔性结构的，再加上它的亲水性就有了吸收性能。几乎所有纸产品都在一定程度上与液体相接触。例如，许多包装材料必须保护被包装的物品，并因而具有高度的抗液体渗透的能力；印刷纸希望在印刷时快速吸收油墨；生活用纸，如薄纸和纸巾纸应该很容易地吸收液体；加工原纸也需要不同程度的吸收性能。所有这些情况都需要在制造过程中采取措施，给纸张以所希望的吸收或阻抗液体的性能。

6）光学性能

纸张的光学性能是纸张外观特性的反映，是很重要的性能。纸张的光学性能主要包括白度、不透明度、光泽度等。这些性能主要由纸面对可见光产生镜面反射、吸收、漫反射、透射等情况来决定。

7）适印性能

纸张为了获得印刷质量优秀的印刷品，纸张和油墨必须是适性的材料才可行。也就是说，要求纸张必须容易印刷。印刷适印性是所有影响印刷品质量的纸张性能的总和，主要包括印刷平滑度、油墨接受性能、力学性质、光学性质等纸张的物理性质和光学性质。包装纸和纸板必须具有良好的适印性能，才能制造出外观精美的包装。随着商品竞争日益激烈，包装装潢印刷技术要求越来越高。目前在印刷方式上，除了传统的凸版、凹版和平版印刷外，还广泛采用丝网印刷、柔性版印刷、凹凸印刷、烫金等印刷工艺；印刷油墨有水性、油性、速干性和苯胺油墨等多种。不论采用何种印刷方式，都要求纸和纸板有良好的油墨吸收性、表面均一性、尺寸稳定性等，只有这样才能印制出精美的包装与制品。

8）卫生、化学性能

对于专门用途的纸和纸板，除了一般性能以外，在卫生、化学性能方面还有专门的要求，如用于食品、药品、化妆品包装用纸，必须检测安全卫生性，包括砷、铅含量，荧光物质，大肠杆菌检出水平，应当控制在安全的范围内，并且保证纸和纸板不能引起与内装物发生物理变化和化学变化。

纸和纸板的化学性能主要指水分、灰分、化学组成和其水抽提物的酸碱度等。它们对纸和纸板的物理性能、光学性能、印刷性能、电气性能均有较大的影响。不同用途的包装纸和纸板对化学性能要求不同，例如防锈原纸对水抽提液的值、水溶性氯化物和硫酸盐含量有严格的规定。另外，一些特殊功能的包装纸和纸板还要进行规定的性能检测，如防锈纸的防锈性能，保鲜纸的保鲜性能，集成电路、半导体元器件的包装的防静电性能等。卫生性能指砷、铅含量。化学性能指水分、灰分、化学组成和水抽提取物的酸碱度。

2. 纸张的基本物理性能

1）定量

定量是指每平方米纸或纸板的重量，以 g/m^2 表示。

定量是纸和纸板重要的指标之一，很多物理性能都与定量有关。为了便于统一比较，很多物理指标需要通过定量进行折算。使用纸张，定量较低时，会降低印刷的成本。所以，在保证使用性能的前提下，应尽量降低纸张的定量。

例如：定量为 $51g/m^2$ 的新闻纸，1 吨纸的面积为 $19608m^2$；当定量为 $48g/m^2$ 时，1 吨纸的面积为 $20833m^2$；面积多出了 $1225m^2$。

2）厚度

纸样在一定压力下的厚度，单位 mm，厚度能影响纸和纸板的很多技术性能。同批次或同一张纸，不同部位的厚度要尽量一致。

3）紧度和松厚度

紧度又称表观密度，是指每单位体积的纸或纸板的质量，是由定量和厚度计算而得，单位 g/cm^3。紧度是衡量纸或纸板组织结构紧密程度的指标，决定着纸张的透气度、吸收性、刚性、强度等指标。

松厚度为紧度的倒数。单位为 cm^3/g。

4）水分

纸或纸板在规定的烘干温度下，烘至恒重时，所减少的质量与试样原质量之比，以百分数表示。

3. 纸和纸板的机械性能

1）抗张强度和伸长率

（1）抗张强度：是纸或纸板一定条件下所能承受的最大张力。表示方法是指一定宽度的试样断裂时所能承受的张力，以 kN/m 表示。

抗张强度还可以用裂断长表示，裂断长是指一定宽度的试样由本身重量将其拉断时的长度，以 m 表示。不同材料的裂断长如图 1-37 所示。

影响抗张强度的因素很多，纤维之间的结合力和纤维本身的强度是影响抗张强度的决定因素。抗张强度是很多纸种应该检测的性能指标，对于印刷时纸和纸板尤为重要。

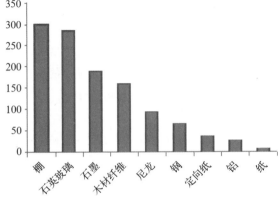

图 1-37　不同材料的裂断长

（2）伸长率：是纸条受张力至断裂时所增加的长度对原样长度的百分率。

伸长率是衡量纸张韧性的一项重要指标，其值越大越能减轻外力冲击的破坏作用，对纸袋纸、包装纸都是重要的性能指标。

2）耐破度

耐破度：是指纸或纸板在单位面积上所能承受的均匀增加的最大压力，以 kPa 表示，是纸袋纸、包装纸及纸板的一项重要性能指标。耐破度是纸张许多强度性能的综合反映，它与抗张强度、伸长率、撕裂强度都互相影响。

耐破度与纤维长度和纤维结合力有关。纤维长度和结合力高的纸张其耐破度亦高。浆料的机械处理方式及打浆程度直接影响浆料纤维的平均长度及纤维的结合力，提高打浆度，则耐破度增加，但打浆度过高，反使耐破度下降。

3）耐折度

耐折度：是试样在一定张力下，抗往复折叠的能力，以折叠次数表示。耐折度受纤维长度、纤维本身的强度和纤维间的结合状况影响：凡是纤维长度大、纤维强度高、纤维结合力大的，耐折度就高；耐折度也受纸张水分含量的影响：水分含量低则纸张发脆致使耐折度低，水分含量适当增加则纸张柔韧致使耐折度增加，水分超过一定含量则纸张软散致使耐折度降低。

耐折度受打浆程度的影响，在一定程度内，耐折度随打浆程度的增加而增加，但是继续提高打浆程度，纤维会被打断，导致纤维平均长度降低，纤维交织紧密，纸质变脆，耐折度下降。

4）纸板戳穿强度

戳穿强度：是指用规定形状的戳穿头穿过试样所消耗的功，以 J 表示。纸板在制成纸箱或其他容器后，在使用或搬运过程中难免要遭到尖锐物体的冲撞作用，为抵抗这种作用，使纸箱等包装容器免受破坏，要求纸板应具有足够的抗戳穿强度。

5）纸板的挺度

挺度：是宽度为 38mm 的纸或纸板在一定条件下弯曲至 15° 角时的弯矩，以 mN·m 或 g·cm 表示。

挺度代表试样的抗弯曲能力，是纸板一项很重要的指标。纸板做成纸箱或其他器具后，具有足够的挺度，才能承受外界的压力而不至于弯曲变形或破坏。挺度对于黄纸板、箱纸板、白纸板、瓦楞原纸等材料是十分重要的。

挺度与纸和纸板的结构、组成及厚度密切相关：纸板的挺度与厚度的立方成正比，与长度的平方成反比；刚性纸容器要求使用的材料有较高的挺度，以防变形；纸箱、纸盒在不影响内装商品的前提下，要尽量减小高度。

6）撕裂度

撕裂度：是指预先将试样切成一定长度的裂口，然后从裂口撕至一定长度所需的功，单位为 N 或 mN，是纸和纸板的重要性能指标之一。

4. 纸和纸板的光学性能

纸和纸板的光学性能包括纸张的白度和光泽度。

1）白度：是纸张受光照射后全面反射的能力，用百分率表示。在 GB/T17749-1999《白度的表示方法》中，白度定义为表征物体色白的程度。白度值越大，则白色程度越大。目前各行业的白度表示方法非常多，约有 100 多种，不管采用何种方法表示白度，对白度的评价结果应能与人的视觉感受相一致。

目前国家有关部门已委托中国制浆造纸研究院起草一部关于纸产品的白度标准，该标准将对纸和纸板的白度规定出最高限度，凡超过该限度的产品皆为不合格。上海市造纸学会常务秘书长蒋荣祺说，"一张普通的打印纸白度约为 100%，但从眼睛的舒适性来说，白度为 85% 左右就已经够了。"而市民消费理念存在偏差，以为纸张越白越好。但实际上生产厂家为了增加纸张白度就得添加荧光漂白剂，既浪费了资源又造成污染，同时白度太高的纸张还会对人的视觉造成伤害。而原本白度较低的再生纸却因为市民的错误消费理念难以推广。针对以上存在的问题，为了帮助市民树立正确的消费观念，因此制定白度标准势在必行。

2）光泽度：是纸面镜面反射能力与完全镜面反射能力的接近程度。其表示方法通常有镜面光泽度和反差光泽度两种。镜面光泽度指的是镜面反射光量和入射光量之比；反差光泽度是指镜面反射光量和总反射光量之比。 常用印刷纸光泽度由低到高顺序为：非涂料纸→轻量涂料纸→涂料纸→铜版纸→铸涂纸。

纸张的光泽度与印刷品的光泽度有直接的关系；纸张的光泽度与纸张的表观平滑度有相关性；纸张的光泽度与纸张的着墨率有直接的关系。

1.2.2　纸张性能的检测

1. 试验样品的准备

试样的采取要求：按照国家的标准规定进行采样；取样尽量少，要有代表性。

试样的裁切要求：按照检测所规定的尺寸进行裁切；注明纵横向和正反面。

试样的处理要求：按国标，在一定的温度和湿度下进行处理，使水分含量达到平衡。在恒温恒湿箱里进行处理，相对湿度：（50±2）%、（50±5）%；温度：（23±1）℃、（23±2）℃；时间：4h、5 ~ 8h、24h、48h 或更长。

2. 纸和纸张外观性能的检测

外观纸病种类繁多，如透光、折子、皱纹、尘埃、斑点、孔眼等，它们对纸的使用性能影响很大，下面介绍外观纸病一般检测方法及检测标准。

1）迎光检查法

把纸张提起，使光线从纸张的背面透过，用肉眼观察纸病。也可以将纸张放在装有反光灯的玻璃板台面上照看。在光线较暗处，可采用一手按手电筒，另一只手把纸张放在电筒灯泡的前面仔细查看。迎光检查法主要用于检查纸张的匀度、尘埃、透光、孔眼、透明点、窟窿等纸病。

2）平看检查法

平看检查法把纸张平铺在平整的台面上，在室内自然光或照明光源的照射下，眼睛距离纸面约 35cm 左右，目光正对纸面，观察纸页的颜色、白度、平整度和光滑度等，必要时也可借助一般的放大镜进行观察。平看检查时一般采用室内普通光线即可，不宜用强烈灯光照明或者太阳光直接照射。普通的外观纸病，如皱纹、折痕、斑点、裂口、尘埃、孔眼、纤维束可以用平看检测法进行检测。

3）斜看检查法

斜看检查法用于检测平看检查法不易发现的纸病，如纸张表面的有光泽和无光泽条痕、毛布痕、伏辊影痕等。检查时将纸张放置于倾斜的平面上或用两手把纸张的一边提高，另一边放低，从不同的角度斜看纸张，从而发现纸张外观质量的缺陷或不足。

4）手摸检查法

手摸检查法用于检测眼睛观察往往不容易被发现的纸张的外观纸病，有些处于纸张表面的小浆疙瘩和白色的细小砂粒，由于其与纸面颜色一致，单凭肉眼不易发现，但用手摸能感觉出来。观察者把纸张放在平整光滑的台面上，用手掌均匀地触摸纸张表面，并按一定的方向在纸张表面移动，凭手感检查，如图 1-38 所示。手摸检查可以发现纸张厚薄不一、纸张超定量或定量偏低的程度等问题，还可以检测出纸张纤维组织内部夹杂的木屑、草筋、硬质块、皱纹等，从而发现隐藏着的纸病。另外，用手适度揉搓或抖动纸张，然后观察纸张有无裂口，就可判断出纸张是否发脆。

3.纸和纸板纵横向和正反面的检测

1）纸张的纵横向

（1）产生原因

造纸时纤维置于悬浮液中，纤维呈无规则排列。当浆料喷射到造纸网上时，在水流与纸机运转的共同作用下，使得纤维顺着取向排列，而纵向排列的程度比横向排列的程度大得多，这就使得纸张有了纵横向的区别，图 1-39 所示为纸张纤维的纵向排列。

（2）直接结果

纸张纤维的纵横向排列使得纸张的抗张强度和伸缩率会有所不相同，因此只能合理利用纸张的这一性质。印刷工业者一般采用纵向的纸，业内称为直丝缕。

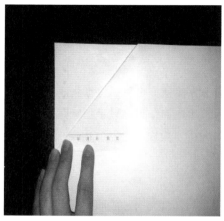

图 1-38　手摸检测法

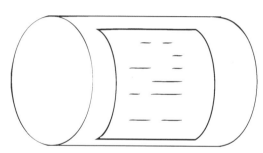

图 1-39　纸张纤维的纵向排列

（3）检测方法

①纸条弯曲法（做试验）

在纸张的两个方向上各取 200mm×15mm 的纸条，使其重叠，手指捏住一端，弯曲较大的一条为横向，弯曲较小的一条为纵向。如图 1-40 所示：左图上面的纸条为纵向，下面的纸条为横向；右图上面的纸条为横向，下面的纸条为纵向。

②浸水弯曲法

在被测纸张上取 50mm×50mm 的试样，将试样漂浮在水中，待试样干燥后，式样卷曲，与卷曲轴平行的方向是纸张的纵向，与卷曲轴垂直的方向是纸张的横向，图 1-41 所示为浸水弯曲法测定的纸张横纵向。

③纤维定向鉴别法

放大镜直接观察植物纤维的长度方向即为纸张的纵向，对于较粗糙的纸张有时还能看到铜网的痕迹，铜网菱形的对角线短的方向即为纸张的横向。

④撕裂法

取一张纸面平整的纸张，沿着纸张的两个方面分别撕开，裂口较为整齐的为纸张的纵向，裂口不整齐的为横向。纵向，如图 1-42 所示；横向，如图 1-43 所示。

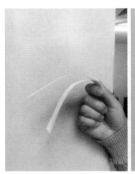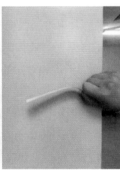

图 1-40　纸条弯曲法测定纸张的横纵向

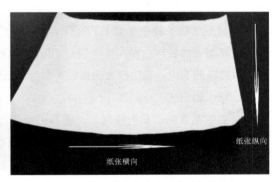

图 1-41　所示浸水弯曲法测定纸张横纵向

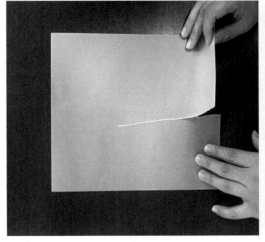

图 1-42　撕裂法测定纸张纵向

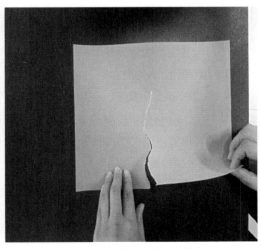

图 1-43　撕裂法测定纸张横向

2）纸张的正反面

（1）产生原因

长短纤维、填料、胶料粒子在纸张的两面分布不均。纸张在抄造过程中，由于纸张的水分是从纸张的一面脱掉的，脱水的过程中，一些填料粒子、胶料粒子，以及细小的纤维随之脱去，使得纸张纤维间的空隙填补得较少。因此，纸张网部表面粗糙，结构疏松的一面为背面；抄造过程中纸张与压榨毛毯接触的一面，表面较为平滑为正面。

（2）直接结果

正反面会使纸张的平滑度、施胶度不同，对油墨的接受性也不同，进而使得两面墨色不均。

（3）解决方法

夹网造的纸张可以采用夹网造纸机来解决正反面问题，两面脱水，从而使纸张两面平滑程度一致。

（4）测定与分辨纸张正反面的方法

①直接观察对比法

查看是否有网纹印迹，或者用放大镜观察，或者水浸之后观察，查看网纹印迹。有网纹印迹的一面为纸张反面，纤维排列不规则的一面为正面。

②撕裂法

将被测纸张平放于桌面上，操作者左手按住纸张，右手将纸张向空中拉撕，纸张先沿着纵向被撕裂，然后转向横向被撕裂，如图1-44所示。将撕下的纸张反置，另外一面朝上，观察撕裂边缘的毛边，毛边较为明显的一面为纸张的反面，毛边相对少的一面为纸张的正面。

③硬币划痕法

将被测纸张的一角折叠起来，使其正反面同时处于一个平面，然后将其放于表面平整的玻璃板上，用硬币或其他不易划破纸面的硬物，使用均匀的外力在纸张表面划一道痕迹。纸张的正面填料含量较多，划痕较深；纸张反面含填料量较少，划痕较浅，甚至不易出，从这一点就可以辨别出纸张的正反面。这种方法对于判断含填料较多的纸张的正反面显得更为方便。

测定方法与测定结果如图1-45、图1-46所示。

4. 厚度和定量的检测

1）纸张厚度的检测

在规定的静态负荷下，用符合精度要求的厚度计，根据试验要求测量出单张纸页或一叠纸页的厚度，分别以单层厚度或层积厚度计算出结果。如果定量已知的情况下，根据纸或纸板的定量和单层厚度或层积厚度，可以计算出单层紧度或层积紧度。如图1-47所示。

2）定量的检测

定量俗称"克重"，是单位面积纸张的重量，以每平方米的克数来表示，它是进行纸张计量的基本依据。纸的定量最低为$25g/m^2$，最高为$250g/m^2$。定量超过$250g/m^2$的为纸板。

（1）仪器

用取样器，如图1-48所示，及电子天平，如图1-49所示，进行测量。

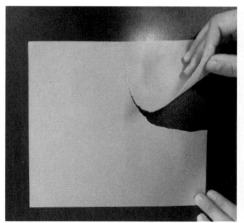

图 1-44　撕裂法测定纸张的正反面

图 1-45　划痕法测定纸张的正反面测定方法

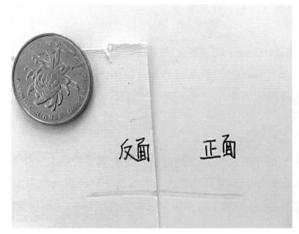

图 1-46　划痕法测定纸张的正反面

图 1-47　厚度测定仪

图 1-48　纸张取样器

图 1-49　电子天平

（2）检测步骤

用取样器取一定面积（100cm²）的试样，再用天平称量试样的质量。

（3）结果计算

最后由公式，计算得到纸张的定量，单位 g/m²。

公式为：

$$G=\frac{M}{A}$$

G——试样的定量，g/m²；

M——试样总重量，g；

A——试样总面积，m²。

5. 印刷用纸机械性能的检测

1）抗张强度和伸长率测试方法

切取宽为 15mm、长为 250mm 的纵向和横向纸条试样，由拉伸强度测定仪，如图 1-50 所示，测得抗张力 F、伸长量 Δl，计算出抗张强度和伸长率等。

2）耐破度的测定方法

切取 70mm×70mm（纸板为 100mm×100mm）的试样，夹入耐破度测定仪，如图 1-51 所示，仪器通过介质施加压力，压力使接触纸张的橡皮膜逐渐凸起，顶压纸张，直至纸张破裂。纸张破裂时所能承受的最大压力即为试样的耐破度。

3）耐折度检测方法

耐折度检测是一种变相的抗张强度检验。

试样在一定张力作用下，被折的纤维逐渐松弛，最终超过纸张所能承受的最大抗张强度，就会断裂。耐折度受纤维长度、柔韧性影响很大，受纸的纵横向和实验条件的影响也很大。

切取宽 15mm、长 100mm（纸板长 140mm）的纵向和横向试样，夹入 MIT 式耐折度测定仪（图 1-52），使试样在一定张力下往复 135° 的双向折叠，计量纸张的双向折叠次数。

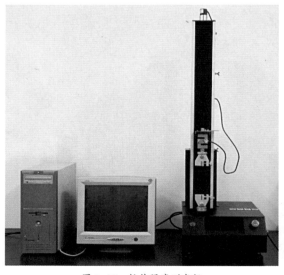

图 1-50　拉伸强度测定仪

图 1-51　耐破度测定仪

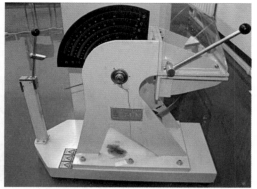

| 图 1-52 耐折度测定仪 | 图 1-53 戳穿强度测定仪 |

4）戳穿强度

测试方法：将 175mm×175mm 的试样，夹入戳穿强度测定仪中，释放戳穿摆柄，摆落下，使戳穿头冲击试样并戳穿，戳穿过程所消耗的总能量就是戳穿强度（图 1-53）。

5）纸板的挺度

切取长 70mm±1mm、宽 38mm±0.1mm 的纵向和横向试样，夹入 Taber 式挺度测定仪中，试样被弯曲 15° 时，计算试样受到的弯曲力矩，就是试样的挺度。

6）撕裂度

取 63mm×76mm 的纵向和横向试样，固定到撕裂度测试仪后，释放摆锤，摆动撕裂试样，到达某一极限位置。初始位置与极限位置的势能差就是撕裂所耗的能量。

6. 纸和纸板的光学性能检测

白度：使用白度仪测量，如图 1-54 所示，大多数白度仪都是测量对波长为 457nm 光的反射能力。

使用光泽度仪，以某个角度（20°、45°、60°、85°）直接照射到纸张表面，反射光被检测器检测，通过比较计算，显示出光泽度值。

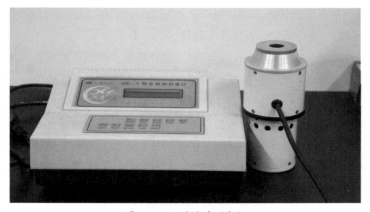

图 1-54 纸张白度测定仪

1.3　纸张的类型及印前准备

1.3.1　纸张的类型

1.纸张的分类

常见的纸张分类方法，一般有以下几种：

1）按定量：通常将纸张分为纸和纸板两种。定量在 $250g/m^2$ 以下的称为纸；定量在 $250g/m^2$ 以上的称为纸板。

2）按厚度：厚度在 0.1mm 以下的称为纸，厚度在 0.1mm 以上的称为纸板。

3）按纤维原料：通常分为植物纤维和非植物纤维两类。

4）按制造方法：有手工纸和机械纸两类。

5）按用途：①一般分为文化印刷用纸：新闻纸、胶版纸、书写纸、铜版纸、字典纸、邮票纸、证券纸。②工农业技术用纸：描图纸、离型纸、碳素纸、压板纸、绝缘纸板、记录纸、绘图纸、滤纸、照相原纸、感热纸、测温纸、坐标纸、无碳复写纸、电容器纸、墙纸、浸渍纸、地图海图纸、复印纸、水松纸。③包装用纸：牛皮纸、牛皮卡纸、瓦楞原纸、水泥袋纸、纸袋纸、白板纸（白纸、灰纸）、防油纸、玻璃纸、铝箔纸、白卡纸、羊皮纸、半透明纸。④生活用纸：卷烟纸、卫生纸、卫生巾、面巾纸、皱纹纸。

6）按加工类型：有涂料纸和非涂料纸两大类。

涂料纸俗称铜版纸，它是高级印刷用纸，主要用于复制一些高档俏美的印刷品，如美术图片、插图、挂历、画册、书刊封面、商品商标等。涂料纸在其制造时表面涂布了一层洁白的涂料并经过超级压光而形成，因此涂料纸与非涂料纸相比较，涂料纸的表面光洁平整，具有很高的平滑度、白度和光泽度，在印刷光泽和网点的显现方面，效果非常突出。压纹涂料纸还能使印出的图形、画面富有立体感。涂料纸手感滑爽，在光源的照射下会产生眩光，一并显现出悦目的白色，与相近厚度的非涂料纸进行比较时，明显感觉到涂料纸的质地要比非涂料纸的质地来的紧密、厚实。当然，有时涂料纸和非涂料纸的外观特征的差别不够明显时，我们可以用硬币的边缘斜着分别在涂料纸和非涂料纸上划一下，这时在涂料纸的表面会留下一个清楚的划痕，而非涂料纸表面的划痕较浅。也可以将纸张相互间摩擦几下，涂料纸有时会从纸面上掉下一些白色的物体。非涂料纸有新闻纸、胶版纸、胶印书刊纸、凸版纸、字典纸等许多品种，复制一些中低档以及普通印刷品。

新闻纸是非涂料纸中一种常用的印刷用纸。这种纸张主要用作新闻报刊用纸，有时也可作一般的期刊、杂志印刷用纸。新闻纸以卷筒纸的形式包装为多。新闻纸与其他的非涂料纸相比较，主要有这样一些特征：纸张白度相对较低，纸张的颜色通常略带微量的蓝色或黄色成分，纸张质地比较松软，表面比较粗糙，纸张反面的植物纤维的形态比较明显。新闻纸不宜长久保存，容易发黄发脆，特别是在阳光的照射下，发黄发脆的速度更快。纸张的强度下降明显。因此，这种纸张一般不宜印刷需要长期保存的资料。

胶版印刷纸简称胶版纸，俗称道林纸，以平板纸的包装形式较多，它是专供胶印机进行套色印刷的一种纸，常被用来印刷彩色画报、宣传画、商标、图片、插图、封面以及其他彩色出版物。胶版纸一般可分为单面胶版纸和双面胶版纸两种。中低定量的双胶纸可作高级书籍的正文印刷用纸。在非涂料纸中，它是一种质地较好的纸张。胶版纸与新闻纸相比，白度高，表面平滑，胶印书刊纸主要用于胶印书籍，手感较为细腻。杂志及彩色书刊中，也可使用。有卷筒纸和平板纸两种包装形式。它的外观特征和性能介于新闻纸和字典纸之间。

字典纸主要用于印刷字典、袖珍手册、工具书、科技资料及其他精制印刷品等，字典纸主要为卷筒纸，也可生产平板纸。字典纸薄、质轻，纸面洁白细腻而平滑，不透明度很高。

不同品种的纸张之间有时只有一些细微的差别，在实践中我们必须不断地总结经验，才能正确地辨别出不同品种的纸张，并对纸张的外观特性有一个全面的认识。

我们常见的《人民日报》采用 $45g/m^2$ 的新闻纸进行印刷。图 1-55 为瑞丽杂志封面，采用 $250g/m^2$ 铜版纸，该杂志内文部分采用 $128g/m^2$ 的铜版纸印刷。图 1-56 是《读者》杂志的封面，采用 $157g/m^2$ 铜版纸，该杂志内文部分采用 $70g/m^2$ 胶版纸印刷。

2. 常见纸张的应用

1）牛皮纸

牛皮纸具有较高的耐破度、撕裂度和良好的耐水性能；主要用于工业品的包装，如棉毛丝纺织品、五金交电、仪器、仪表及各种小商品；还常用作纸盒的挂面、挂里及制作要求坚牢的档案袋、纸袋等（图 1-57）。

2）羊皮纸、仿羊皮纸

羊皮纸、仿羊皮纸具有防油、耐水、防渗透、不透气的特点。用于化工药品、仪器、机械零件的防油耐渗包装，以及含油脂较多的食品、药品、油脂产品等包装（图 1-58）。

3）白纸板

白纸板的厚度一般为 0.3～1.1mm。表面平整，洁白光滑，挺度好，印刷适性好，耐折度大，加工适性好。能印出精美的图案，便于模切、模压和刻痕加工，可以制成各种形状的包装纸盒。白纸板分为单面白纸板、双面白纸板。广泛用于食品、香烟、文具、药品、化妆品、牙膏、服装、日用品的折叠纸盒等方面（图 1-59）。

图 1-55　瑞丽杂志封面　　　　　　　图 1-56　《读者》杂志封面

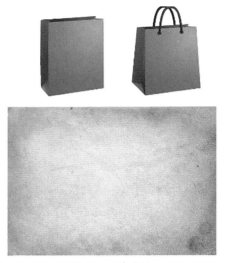

图 1-57   牛皮纸

图 1-58   羊皮纸

4）白卡纸和米卡纸

白卡纸是一种较厚实、坚挺、纯优质木浆制成的白色卡纸，经压光或压纹处理，主要用于包装装潢用的印刷承印物，分为 A、B、C 三级，定量在 210 ～ 400g/m²。主要用于印制名片、请柬、证书、商标及包装装潢等。

白卡纸一般分为：蓝白单双面铜版卡纸、白底铜版卡纸、灰底铜版卡纸（图 1-60）。

完全用漂白化学制浆，并充分施胶的单层或多层结合的纸制造，适于印刷和产品的包装，一般定量在 150g/m² 以上。这种卡纸的特征是：平滑度高、挺度好、整洁的外观和良好的匀度。可用于名片、菜单或类似的产品印刷。

5）铸涂纸（玻璃卡纸）

也称玻璃卡纸。是一种表面特别光亮，犹如镜面的优质包装印刷涂布纸。

具有良好的耐折叠性能和美化装饰效果，主要用于药品的包装领域，在香烟外包装上的应用也很广泛。铸涂纸的生产过程是将原纸经过可塑性涂料涂布之后，在涂料层还处于未干

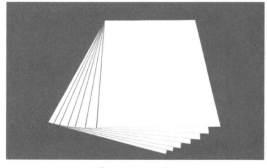

图 1-59   白纸板

图 1-60   白卡纸

状态并有可塑性的情况下，使纸面压贴于内部加热的镀铬缸面上（在纸涂料层和镀铬缸面之间需加入极少量水），在镀铬的烘缸上热压后，让涂料层受热干燥成膜，其涂膜的可塑性相应消失，从而使纸张从缸面上自动地脱落下来，即成铸涂纸（图1-61）。

6）复合纸和复合纸板

复合纸板有纸/铝复合纸板、纸/塑复合纸板、纸/铝/复合纸板等。复合纸板的特点是轻巧，装潢印刷效果好，阻隔、防水、热封性能好，还可以进一步加工。

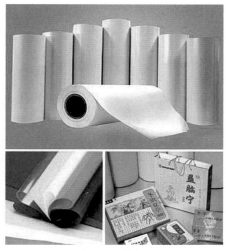

图1-61　铸涂纸

广泛用于高档商品，如药品、化妆品、酒、饮料、牛奶等的包装。图1-62牛奶的利乐包装的结构，第一层是聚乙烯，起到防潮的作用；第二层纸张起到稳固及强化包装的作用；第三层和第五层聚乙烯层起到黏结作用；第四层铝箔起到阻隔氧气和阳光，以及防止产品味道流失的作用；第六层聚乙烯层起到保持液体质量的作用（图1-63）。

图1-62　复合纸板包装盒

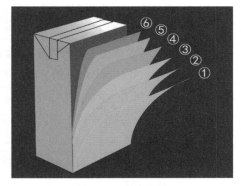

图1-63　复合纸板
（①聚乙烯②纸板③聚乙烯④铝箔⑤聚乙烯⑥聚乙烯）

1.3.2　用纸量计算与纸张的裁切

1.用纸量计算

核算一批印刷活件的成本及加工费用时，准确计算出其用纸量至关重要。一般纸张的用纸量计算可以分为平板纸、卷筒纸及纸板三种类型。

1）平板纸的计算

（1）"令"和"方"是平板的计量单位，我国规定1令等于定量相同、幅面一致的500张全张纸（国际上也有以480张或1000张为一令的,在涉外业务和使用进口纸时应特别注意）。不足一令的尾数按方来计算，一张全张纸为2方。即：1令=500张全张纸=1000方。定量是指表示每一平方米纸张的重量，标准规定用：克/平方米（g/m^2）表示。令重是指每令纸的总重量。

$$令重（kg）= \frac{定量（g/m^2）×（长×宽）（m^2）×500}{1000}$$

例：某胶版纸的幅面尺寸为850mm×1168mm，标准定量为80g/m^2，计算其令重是多少？

解：令重=（80×85×11.68×500）/1000/10000=39.71（kg）

（2）印张是指出版业计量出版物用纸的计量单位，一张全开纸印刷两面（正面和背面）为2个印张。书刊正文印刷用纸量，可按下式几种方法计算：

①按开数计算：用纸令数=页数×印数÷开数÷500。

②按印张计算：用纸令数=印张×印数÷1000。书刊封面用纸计算方法与正文相同，但应注意将书脊用纸计算在内。

（3）色令是平版胶印彩色印刷的基本计量单位。1令纸印1次为1色令，印2次为2色令，以此类推。

（4）为了弥补印刷过程中由于碎纸、套印不准、墨色深淡及污损等原因所造成的纸张损耗，除了要按书刊的印张数和印制册数计算出所需纸张的理论数量外，还必须考虑用以补偿纸张损耗的余量。这项余量就称为"加放数"、"伸放数"，因一般以理论用纸量的百分率表示，所以也称为"加放率"。

计算实际用纸量时，可将理论用纸量乘以"1+加放数"的系数。如加放数为3%，则该系数就是（1+3%）=1.03。

例：计算50令纸的实际用纸量，加放率为3.5%。

解：50令+50令×3.5%=50令×（1+3.5%）=50令×1.035=51.75令。

例：要印刷16开本的图书3000册，正文有368面，另有前言2面，目录2面，附录10面，后记1面（背白），其正文用纸令数为多少？若加放率为3%，请计算实际用纸量。

解：总面数为：368+2+2+10+1+1=384面

单册印张数=面数÷开本数=384÷16=24个

用纸令数=单册印张数×印数÷1000=24×3000÷1000=72令

实际用纸量=72×（1+3%）=74.16令

（5）书刊封面用纸量可以用以下方法计算

①没有勒口的平装图书，若书脊宽度在7mm以下，并且印制封面用的纸张与正文用纸虽品种不同但规格相同，封面纸的开数便为图书开数的2倍（如32开的图书需用16开的封面纸）。

②如果书脊超过7mm或有勒口，或者封面用纸与正文纸的规格大小不同，都须先计算确定封面纸的大小，然后按照封面纸的规格大小计算每张全张纸可开成多少个封面，以此来确定封面纸的开数。

例：787mm×1092mm，32开本的图书（幅面净尺寸为宽130mm×184mm），若书脊宽10mm，勒口宽40mm，封面纸的净尺寸便为：（130×2+10+40×2）=350mm×184mm，如也

用相同规格的纸张开切，能够开切出 12 张封面。计算方法为：纸的长边除以封面的长边：$1092 \div 350 \approx 3$ 张；纸的短边除以封面的短边：$787 \div 184 \approx 4$ 张，

其开切便是 $3 \times 4=12$ 开。开切封面时，不一定是"长除长"，"短除短"；也可以是"长除短"，"短除长"，或者用其他开切法。

③计算封面用纸数。如果印数确定，计算封面用纸的步骤为：

印封面所需纸张数 = 印数 ÷ 封面纸开数；

折合成纸张令数 = 印封面所需纸张数 ÷500+ 加放数。

综上所述：封面用纸令数 = 印数 ÷ 封面纸开数 ÷ 500×（1+ 加放数）= 印数 ÷（封面纸开数 ×500）×（1+ 加放数）（公式中的 500，是将用纸数折合成令而为之）。

例：图书开本为 32 开，书脊宽 6mm，采用 787mm×1092mm 规格的铜版纸印制封面，共需印 100000 册，加放数为 3%，计算该书的封面用纸令数。

解：该书封面展开为 16 开（没有勒口，书脊宽度为 6mm）；

用纸的张数 =100000 ÷ 16=6250 张；

用纸令数 =6250 ÷ 500=12.5 令；

实际用纸令数 =12.5 × 1.03=12.875 令。

2）卷筒纸的计算

（1）重量法

重量法是卷筒纸基本的计量方法。生产厂家用磅秤称出卷筒纸的重量，扣除筒芯重量作为该卷筒纸的净重，在卷筒的端面标出，然后进行包装，包装后在封头上明显标出卷筒纸的净重。生产厂家和用纸单位则按此进行结算。

（2）定量换算法

采用重量法对卷筒纸进行计算，虽看似非常合理，实际上隐藏着严重弊端。因为用纸单位最关心的问题是卷筒纸的面积，当卷筒纸的重量一定时，纸张的定量大小是影响纸张面积的唯一因素，当纸张的实际定量大于标准定量时，纸张的实际使用面积减少，对用纸大户来说，就必须考虑其生产成本。

印刷企业对纸张定量的超标是不满意的，而纸张生产时实际定量与标准定量不可能取得完全一致。为了保障印刷企业的权益，用实测定量计算出实有面积，再换算为符合标准定量时应有的重量——标定重量，作为卷筒纸的出厂重量。这种计量方法称为定量换算法。定量换算法的计算公式如下：

$$标定重量（kg）= \frac{标准定量（g/m^2）}{实测定量（g/m^2）} × 净重（kg）$$

例：某卷筒新闻纸，净重为 685kg，标准定量为 49g/m²，实测定量为 50g/m²，试求标定重量。

解：标定定量 =49/50 × 685=671.3kg。

实行定量换算法的造纸企业，一般都能严格控制卷筒纸定量上的偏差，这样既保证了每吨纸的实际使用而积，又为造纸厂节约了纸浆。但定量低于允许的范围则是不合格的，如国标 GB/T1910-1999 规定新闻纸的定量允许偏差为 ±5%。

（3）标准长度法

标准长度法是指在生产卷筒纸时，都复卷为标准长度，然后根据标准定量换算出标定重量的方法。

由于每件卷筒纸的总长度都相等，由标准定量换算出来的重量也必然相等。所以这种方法可以在简化验收和交易中逐项抄录、核对重量的繁琐手续，只要数清件数即可，可以使每件的形状大小一致，便于运输和存储，这是一种比较理想的卷筒纸的计量方法。这种计量方法在生产上要求十分严格，操作难度大，不过已经有部分大型企业在生产中采用这种方法。

（4）长度计算法

卷筒纸在生产时由电脑控制并记录每个卷筒纸的总长度，把长度写在卷筒纸的端面，再由总长度换算出卷筒纸的标定重量。计算公式如下：

$$标定重量（kg）= \frac{总长度（m）\times 幅宽（m）\times 标准定量（g/m^2）}{1000}$$

在实际工作中，掌握和熟悉以上四种卷筒纸的计量方法，就能在用纸时迅速核实卷筒纸的数量和分析实用效益。否则，即使蒙受损失也可能找不出原因，更无法提出索赔的依据。

卷筒纸出厂时都标上了一定的重量，印刷时需要将其折算成令数，计算公式如下：

$$令数 =（重量（kg）\times 1000）/（单张纸的面积（m^2）\times 定量（g/m^2）\times 500）$$

在将卷筒纸重量折算成令数的计算公式中，重量与定量应呈一一对应的关系，如使用卷筒纸净重时定量应为实测定量，使用卷筒纸标准重量时定量应为标定定量。

卷筒纸在运输和装卸过程中经常会发生破损，破损部分的重量占该卷筒纸重量的百分比，称为卷筒纸的残损率。残损率的计算公式如下：

当破口在卷筒纸的周边时：

$$残损率 = \frac{4 \times 残深 \times（卷筒直径 - 残深）}{（卷筒直径 + 筒芯直径）\times（卷筒直径 - 筒芯直径）} \times 100\%$$

当破口在卷筒纸的中部时：

$$残损率 = \frac{（残深外缘到筒芯距）^2 -（残深内缘到筒芯距）^2}{（卷筒直径）^2} \times 100\%$$

3）纸板的计量

纸板大多数为平板纸，卷筒纸极少，这是因为其受定量和厚度所限，难以允许纸板生产为卷筒纸的形式。又因为纸板定量较大，不同定量纸板之间的级差也较高，所以纸板的计量有其自身的特殊性。现以出版印刷行业用量较大的黄纸板（用作精装书籍的硬皮封面里衬材料）为例，讨论纸板的计量方法。

按传统的习惯，黄纸板采用号码来代表其定量，并确定每一号码的基本单位为 $55g/m^2$，以 4 号为起点，最高为 48 号，而且只有双号，没有单号。黄纸板号码与定量之间的关系为：

$$定量 =（号码 \times 55）- 20$$

常用纸板号码与定量之间的关系　　　　　　　　　表 1-3

号码	4	6	8	10	12	14	16	20	24	28
定量：（g/m²）	200	310	420	530	640	750	860	1080	1300	1520

　　黄纸板是以吨作为计量单位出售的。一般按规定，每吨黄纸板共4件，每件10令，共计40令。根据纸张供应部门的规定，黄纸板每令重量限定为25kg，而每令黄纸板的张数不定。黄纸板的定量越高，每令的张数越少。黄纸板每令张数和每吨张数的计算公式如下：

$$纸板每令张数 = \frac{25000}{纸板幅面面积（m^2）\times 定量（g/m^2）}$$

$$纸板每吨张数 = 纸板每令张数 \times 40$$

　　例：已知 8 号黄纸板的尺寸为 787mm×1092mm，求该黄纸板每吨有多少张？

　　解：8 号纸板的定量 =8×55-20=420g/m²

　　纸板每令张数 =25000/（0.787×1.092×420）=69 张

　　每吨 8 号纸板张数 =69×40=2760 张

2. 纸张的裁切

　　光边在广东称之为"飞边"或"修边"。纸张在印刷前为了避免由于纸张分切、运输、搬运过程中产生的细微变差，把纸张的四周进行 2 ～ 3mm 的裁切，已达到纸张边缘光洁，便于上机印刷的工作。

　　除此之外，纸张光边还可以减少纸毛对印版的磨损，提高耐印率，以及减少纸毛在印刷过程中对印刷质量的影响。纸张的裁切过程需要使用裁切机（图 1-64）。

　　纸张的裁切过程是由人工将撞齐的纸张放在工作台上，根据所要的幅面尺寸，使纸张靠紧推纸器的前表面和后挡规，推送纸张到规定的裁切线上，放下压纸器，使纸张压平、压实、定位。开动裁刀，裁刀落下切纸。裁完后，裁刀上升离开纸张，压纸器随之上升，将裁切完成的纸张去除，完成裁切（图 1-65）。

图 1-64　纸张裁切机

图 1-65　裁切刀后端推纸器

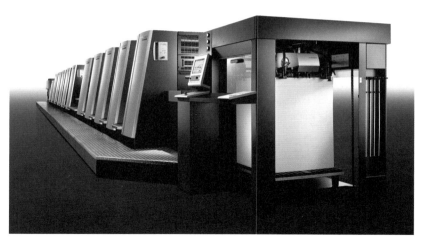

图 1-66　对开印刷机

图 1-67　四开印刷机

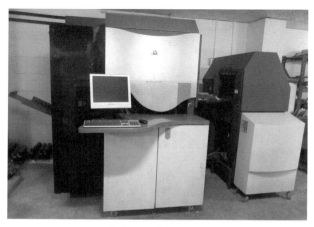

图 1-68　数码印刷机

我们在印刷前对纸张进行处理只要将纸张裁切符合印刷设备的幅面就可以。一般印刷企业的印刷机大多分为全开机、对开机、四开机、六开机这几种。其中最普遍的就是对开机与四开机。所以我们大多数情况下只需要将纸张裁切为对开或者四开就能满足我们的印刷需要了（图 1-66、图 1-67）。

对于普通的数码印刷及大多印刷 A3、A4 等幅面的纸张，我们只要按需裁切就可以（图 1-68）。

1.3.3　纸张的调湿处理

我们在平时生活中会发现这样的现象，纸张在放置一段时间后会发生受潮变形的现象，有的甚至会起皱，影响我们的正常使用。究其原因是因为纸张的主要原料是天然植物纤维。植物纤维的细胞壁上包含着纤维素、半纤维素和木素等成分，其中主要是纤维素。纤维素是多糖碳水化合物，是由许多葡萄糖分子聚合而成。从分子结构中可以看到纤维素的长链式聚合分子的每一个葡萄糖分子中含有多个羟基。半纤维素也是高级碳水化合物，近于纤维素。根据水解结果，其组成成分为多缩戊糖及缩己糖，也同样含有许多羟基。所以纸张是极性很强的亲水性物质，对水有很强的极性吸附作用。

这些极性吸附性和毛细管吸附性决定了纸张是吸水性较强的物质。不仅与水接触时能吸收水分，而且还有从潮湿的空气中吸收水分的能力。同样也能在干燥的空气中脱水。

纸张在吸水的情况下会出现"荷叶边"现象。纸张脱水则会出现"紧边"现象，无论是纸张吸水或者脱水都会对我们的印刷套准带来不利，影响印刷质量（图1-69）。

所以，纸张内部含水量与外部的空气湿度达到平衡时，即所谓的既不吸水也不脱水的状态时，我们的纸张内部含水量保持恒定，就不会出现纸张变形的情况了。

各种纸张从造纸厂出厂，在运输、长期贮存中，由于周围气候的频繁变化，加之地区之间平均温度的差异，使纸张含水量不可能与印刷车间相适应，而且含水量往往是不均匀的。如果直接对纸张进行多次胶印，车间的相对湿度较高，由于未印刷前纸张在车间存放过程中的吸湿作用，印刷开始后，由于胶印的润湿液的作用，每印一色纸张含水量增加一次，相应地，每印一色纸张尺寸都有变化，增加了套准难度。

为了使纸张的含水量在整个纸面上保持均匀一致，并且与印刷车间的温湿度相适应，同时为了使纸张对环境温湿度的敏感程度有所降低，提高纸张尺寸的稳定性，一般在印刷之前，要进行调湿处理。

所谓调湿处理就是在印刷前将纸张吊晾在晾纸间，经过一段时间，使纸张达到晾纸间的温湿度条件下的平衡水分量。经过吊晾，纸张含水量均匀，并能提高尺寸稳定性。

对于数码印刷机可以通过增加恒湿纸库来对纸张进行调湿处理（图1-70、图1-71）。

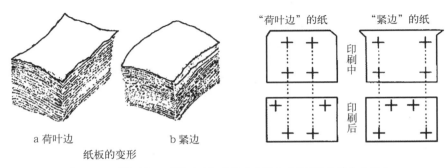

图1-69　"紧边"、"荷叶边"纸张示意图及对印刷套准带来的影响

图 1-70　不加恒湿纸库的数码印刷机

图 1-71　增加调湿纸库的数码印刷机

1.3.4　纸张印刷前的静电消除处理

纸张带有静电直接影响印刷质量。首先是纸张无法撞齐。在静电作用下，纸张与纸张之间牢牢吸住、参差不齐，空气难以进入纸张之间，很浪费时间。在印刷过程中，由于静电吸引，单张纸之间牢牢地黏贴在一起，有时两张，有时几张，有时一沓纸分不开，导致分纸吸嘴吸不起纸张。极易产生双张、多张纸进入橡皮滚筒与压印滚筒之间，造成闷车，压坏橡皮布及衬垫等现象。带静电的纸张，在输纸台向前输送时不流畅，到达前规处歪斜不正、定位不准，将导致第二次套印无法套准，产品质量低劣，浪费极大。即使走过了压印部分，收纸也很不齐，会给第二次整纸带来很大的麻烦，严重影响生产速度。

纸张带静电与造纸有一定关系。一般情况下，出厂时原纸带电的较少，铜版纸带电的概率也不大。因印刷用纸（白板纸、卡纸等）及铜版纸是在原纸的基础上进行再加工，即使原纸已带电，在加工过程中也会消除。一般定量在 $80g/m^2$ 以下的纸张带静电偏多，但纸张上机印刷前就带有静电或印刷前静电并不明显，往往是经过压印后静电骤增。在胶印过程中由于有水，一般经过印刷后反而带静电者并不多见，对胶印来讲，静电主要产生在印刷之前。

消除纸张静电一般采用库存法、晾纸法、静电消除法、抗静电剂法、安装消除静电装置与工具等方法。

1. 库存法

纸张进入印刷厂入库后，存放时间应适当长一些，存放地点能与印刷车间连通更好，以温度在 18℃ ~ 25℃、相对湿度在 60% ~ 70% 为最佳。使印刷车间的温度、湿度与纸库一致，有利于改变纸张含水量。纸张含水量的改变就是一个释放静电的过程，这个过程与纸张调湿处理相同。

2. 晾纸法（加湿法）

主要是用调整温湿度的方法来消除静电。当车间里的相对湿度小于 50% 时，印刷或制版过程中容易产生很高的静电，增加车间的相对湿度和纸张的含水量，特别是在晾纸时增加室内相对湿度对消除静电很有效。可用调湿设备增加室内相对湿度，没有调湿设备时可在地面洒上足够的水。调湿设备主要是加湿器，可在车间的天花板或墙壁上安装离心式自动加湿器。当室内相对湿度没有达到要求时，加湿器就能自动喷出雾状水汽，增加室内相对湿度，待室内相对湿度达到要求后，自动停止喷雾（图 1-72）。

3. 静电消除法

用静电消除器产生的正负电离子去中和带电体上的电荷，以达到消除静电的目的。静电消除器有三种类型：一是外施电压式静电消除器，给针状或细线状电极外施加高电压，发生电晕放电产生离子，一般印刷机上用的晶体管静电消除器就属此类；二是自放电式静电消除器，把导电纤维、导电橡皮或导电金属材料等做成针状或细线状电极并很好地接地，利用带电体本身的电场产生电晕放电生成离子，中和带电体上的电荷；三是放射性元素除静电器，利用放射性同位素的电离作用即电离空气生成离子，中和带电体上的静电（图 1-73）。

4. 抗静电剂法

抗静电剂又叫静电消除剂或除电剂。其原理是给予纸、薄膜等带电体表面吸湿性离子，使其具有亲水性，吸收空气中的水分，减小电阻，增加导电性，使静电荷不容易积蓄。抗静

图 1-72　调湿车间及调湿设备

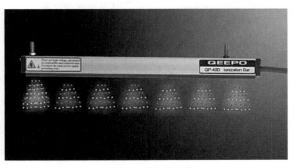

图 1-73　静电消除器

图 1-74　静电剂

图 1-75　消除静电毛刷

图 1-76　静电消除设备

电剂主要是表面活性剂，有亲水基和疏水基，或叫极性基和非极性基。亲水基对水等极性较大的物质亲和性强，疏水基对于油类等极性较小的物体亲和性强。抗静电剂在印刷中应用很广泛，如用抗静电剂制作防止静电的软质胶辊等（图 1-74）。

5. 安装消除静电装置与工具

这里主要是用到消除静电毛刷以及消除静电设备（图 1-75、图 1-76）。

1.3.5　纸张印刷前的堆放

纸张堆放简称堆纸，单张纸印刷前，将待印的纸张或承印物整齐地堆积在输纸台上。堆纸是否整齐符合要求直接影响印刷的质量与速度。

1. 一般情况下堆纸要达到以下要求

1）纸张应松透、理齐，半成品无黏连现象；

2）叼口边与侧规定位边应平直、整齐；半成品无装反、掉头的现象；

3）纸堆面应基本平整，符合输纸要求；

4）纸堆内无折角、破碎的纸张。

2. 需掌握以下的堆纸方法

1）要掌握透纸方法。透纸就是把纸叠理松，以减轻分纸吹嘴、送纸吸嘴分送纸张的工作负担，确保输纸顺畅。透纸时每叠厚度掌握在 3cm 左右，两手分别捏住纸的两角，大拇指压在纸叠上面，食指和中指放在纸叠下面，并使纸叠往里挤挪，与大拇指往外捻的力相反，使纸叠上紧下松，纸张之间产生一定的间隙，以透过空气。通过双手有节奏地搓挪两边纸角，达到透松纸张的目的（图 1-77）。

2）要掌握敲勒纸边技艺。当纸质柔软，纸边卷曲时，应对纸边进行敲勒，以提高纸的挺度，确保输纸顺畅。敲纸时，要根据纸张的平整度和挺度状况，掌握敲勒的方式。纸质较薄较软时，敲痕的间距要小些；反之，则大些。按照纸的厚薄，每次敲纸的叠厚应掌握在 1 ~ 3cm。对纸边往上翘或往下卷的，要往其相反的面敲勒。敲痕的间距要基本相等，呈扇形排列，使侧规纸边和叼口纸边具有一定的挺度和应力。对纸质较硬的铜版纸、白板纸、玻璃卡纸等，不能采用敲勒的方法，否则，会破坏纤维组织，影响纸张外观质量。这类纸张出现卷曲，应采用上揉或下揉的方法，使纸边恢复印刷所需的平直度和平整度（图 1-78）。

图 1-77　透纸示范

3）掌握理纸技艺

纸张经过敲勒和透松之后，理齐后才能装入纸台，以确保印刷定位准确。理纸时，用双手将纸叠两边角竖直提起，使纸中间呈弯弧状以利空气进入纸与纸之间，随即将纸叠往上提，离开桌面少许，然后松开双手，让纸叠下落，撞齐纸边。经过若干次的上提、松开、下落，直至将纸叠的叼口边和侧规边理齐后，装入输纸台，并闯齐（图 1-79）。

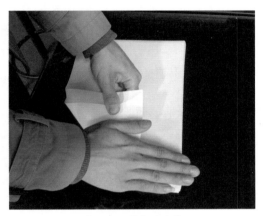

图 1-78　敲纸边示范

4）掌握垫平纸堆技艺

纸张经过敲勒和透松以后，可能会出现局部凹陷现象，影响正常的吸气和输纸。针对这种情况以及纸质厚薄不匀造成的纸堆凸凹不平，应进行垫平处理。垫物可根据需要用纸板卷成条状或采用专用楔板，对纸堆凹陷部位进行垫高，使纸面与吸嘴平行且间距适当，确保吸纸、输纸的顺畅。为防止发生安全事故，应将垫物用绳子绑在输纸板台支架上，避免垫物随纸张输入机器中。

堆纸操作作为印刷的基本功，对提高印刷质量和生产效率，有着不可忽视的作用。正确掌握堆纸操作技艺，对有效地防止和减少输纸及印刷连锁故障的发生，具有十分重要的意义。

图 1-79　撞齐示范

1.4　纸张应用案例

1.4.1　普通纸型案例

时尚读物内页、报刊内页、广告宣传单等对图文质量要求不高的印品可以采用 $80g/m^2$ 铜版纸，胶版四色印刷工艺，200 线，CTP 热敏版印刷，这种薄的铜版纸比较适合双面胶印颜色较轻的图文，而不适合印刷大面积且重的颜色。手感较为轻柔，图文色彩对比度不高。这种纸与克数较大的超白色纸在胶印情况下对比，效果与特点各不相同。如图 1-80，即采用 $170g/m^2$ 空灵超白纸，纸面更加洁白，色彩还原度较好，对比度较高。

印刷品图 1-81 采用 $200g/m^2$ 铜版纸，胶版四色印刷工艺，并采用未涂胶光膜，厚度为 1.5 丝，凹凸压印。这种厚的铜版纸表面光滑，白度较高，纸质纤维分布均匀，厚薄一致，伸缩性小，印刷适性很好。在采用压印工艺之后，文字边缘清晰，线条准确，压痕光洁。适用于杂志封面、包装外盒、产品型录等。

1.4.2　特种纸型案例

印刷品图 1-82 采用 $80g/m^2$ 飘逸特种纸，胶版四色印刷工艺，180 线。这种纸飘逸、轻柔、肌理自然、质感柔和、印面比较光滑，可以适当提高线数增加精度，有较好的色彩还原性，具有良好的阅读性。适于表现经典、怀旧、清丽的色彩。触摸纸张，手感独特。这种特种纸适用于杂志内页、海报、书籍内页、楼书内页、便笺等。

图 1-80　空灵超白纸印刷案例
（图片来源：《印谱》中国印刷科学技术研究所）

图 1-81　铜版纸印刷案例
（图片来源：《印谱》中国印刷科学技术研究所）

图 1-82　飘逸特种纸印刷案例
（图片来源：《印谱》中国印刷科学技术研究所）

图 1-83　霓裳描图纸印刷案例
（图片来源：《印谱》中国印刷科学技术研究所）

印刷品图 1-83 采用 70g/m² 霓裳描图纸，采用快干油墨，反面胶印四色工艺，220线。这种描图纸质地坚实，密致度好，透明度较高，对油脂渗透抵抗能力强，透气性差，但耐高温。这种纸可以利用透明度的特点，创造朦胧的美感，让阅读更有趣味性。触摸纸张，光洁滑腻，触感明显。但这种纸印刷时不宜干燥，喷粉多又容易影响油墨效果，因此最好使用快干油墨印刷。这种特种纸适用于书籍环衬、书籍插页、贺卡等。

印刷品图 1-84 采用 115g/m² 手揉纸，采用激光雕刻版，热压击凸工艺。这种纸原产地是日本，采用原木浆制造，生产出自然的纹路，具有特别的手感和肌理效果，触摸纸张，起伏凹凸，犹如岩石，具有强烈的艺术效果。这种特种纸适用于礼品包装、书籍封面、商业宣传册等。

图 1-84　手揉纸印刷案例
（图片来源：《印谱》中国印刷科学技术研究所）

项目小结

本项目首先介绍了纸张的组分及造纸过程，旨在突出对纸张使用性能的影响，并进一步着重介绍了纸张相关性能的检测方法、纸张分类、规格、用纸量的计算方法及印前的相关处理工艺，使学生通过本项目的学习，可以完成印刷纸张的选用、检查和印前准备工作。

课后练习

1）纸张的组成包括哪些？在纸张结构中各自起什么作用？

2）纸张的制浆流程是什么？制浆方法包括哪些？各自有何优缺点？

3）抄纸操作各环节是如何决定纸张的相关性质的？

4）16 开纸、A3 纸表示全开纸对等裁切多少次得到？

5）纸和纸板的机械性能包括哪些？

6）如何正确区分纸和纸板？

7）举例说明涂料纸和非涂料纸的区别。

8）举例说明常见的印刷用纸及其特点。

9）要印刷 32 开本的图书，80000 册，正文采用胶版纸印刷，616 面，另有前言 2 面，目录 1 面，附录 20 面，后记 1 面，图书书脊宽 6mm，采用 787mm×1092mm 规格的铜版纸印制封面，若加放率为 3%，请计算实际用纸量，用令数表示。

10）印刷前需要对纸张做哪些准备工作？

项目二　油墨的检测与准备

项目任务

1）印刷油墨的流变性能与检测；

2）印刷油墨颜色与测试；

3）印刷油墨的干燥性能与测试。

重点与难点

1）油墨的理化性能；

2）油墨性能的测试。

建议学时

20 学时。

2.1　油墨的组成与性能

2.1.1　油墨的组成

油墨是用于印刷的重要材料，它通过印刷将图案、文字表现在承印物上。油墨中包括主要成分和辅助成分，它们均匀地混合并经反复轧制而成一种黏性胶状流体。由颜料、连结料、助剂和溶剂等组成。用于书刊、包装装潢、建筑装饰等各种印刷。随着社会需求增大，油墨品种和产量也相应扩充和增加。

油墨主要由色料、连接料、助剂组成。色料主要决定油墨的色彩性能，连接料主要决定油墨的干燥性能与流动性能。助剂主要包括色彩调整剂、流动性调整剂和干燥性调整剂，主要起到对油墨的三大性能的调节作用。

图 2-1　油墨的组成

1. 颜料和染料

1）定义

颜料：是不溶于水和有机溶剂的具有各种颜色的粉末。

染料：是能溶于水或有机溶剂而生成饱和染料溶液的彩色、黑色或白色的粉末（图 2-1）。

2）颜料与染料的区别

颜料是不溶解于媒介中，染料是溶解于媒介中（如水、溶剂、油、塑料或高分子等）；颜料仅能使物体表面层着色，染料能使物体全部着色；颜料主要用于印刷、建筑、美术、油漆、塑料、橡胶等行业，染料用于纺织、合成纤维等行业（图 2-2）。

3）颜料的应用（图 2-3、图 2-4）

4）颜料的成分（图 2-5）

5）颜料的理化性能

图 2-2　颜料和染料

图 2-3　颜料的应用—我国古代各种瓷器和壁画　　　　图 2-4　颜料的应用—各类印刷品

各种矿物材料

雄黄　　　　赤铁矿　　　　　朱砂　石青　　　　　石绿

图 2-5　颜料的成分

（1）颜料的着色力

指颜料呈现颜色的强度，又称色强度。是某一颜料与其他颜料混合后呈现自身颜色强弱的能力。

（2）颜料的遮盖力（不透明度）

指油墨膜中的颜料能遮盖被印材料表面，使它不能透过油墨膜层而显露的能力。即颜料遮盖底色的能力，又称不透明度。

（3）颜料的分散度

是指颜料颗粒大小和在连结料中的分散能力。

（4）颜料的吸油性

指一定量的颜料全部润湿形成浆状时所需要吸附的油量值，以 100g 颜料所需最低限度油料的克数表示（油 g/100g 颜料）。

2. 油墨连接料

1）定义：油墨连结料又称凡立水，是由高分子物质混溶制成的液状物质，在油墨中作为分散介质。是一种具有一定黏度和流动度的液体，但不一定是油质的。

2）连接料的作用：连接料的作用是充当颜料的载体。在印刷中将颜料从印版上转移到承印物上，并最终形成干燥膜层。连接料赋予油墨流动能力、印刷能力、成膜能力。所以说油墨的主要性能很大程度上取决于连接料，连接料的种类、结构、性质决定了油墨的性质、品质和种类。

3）连结料的主要成分包括：油、有机溶剂、树脂及辅助材料。

（1）油——植物油、矿物油

植物油可依据分子的不饱和程度分为干性油、半干性油、不干性油。桐油属于干性油，其干燥性能和成膜性能优异，在高光泽油墨中多有使用。亚麻仁油属于干性油，干性比桐油慢，活性比桐油小，它是油墨工业最基本的原料之一。豆油属于半干性油，干燥较慢，用来制造浅色油墨，特别是制造烘干型油墨。蓖麻油和脱水蓖麻油属于不干性油，可用于制造复印油墨及作为增塑剂用于某些油墨中，脱水蓖麻油可用于印铁和食品包装（图2-6～图2-9）。

矿物油是石油分馏得到的一系列馏分的总称，主要组分是烷烃，不具有发生交联的能力，不能作为成膜组分。油墨中常用的矿物油有汽油、高沸点煤油和机械油。汽油（60℃～220℃）是油脂、树脂的良好溶剂，常用于制造照相凹版油墨。机械油也称润滑油，是不挥发的黏稠液体，常与沥青油、石灰松香油配合制造连结料，用于轮转新闻油墨，是典型的渗透干燥型连结料。高沸点煤油也叫油墨油，主要适用于快固油墨及热固型胶印油墨（图2-10、图2-11）。

图2-6　桐油

图2-7　亚麻仁油

图2-8　菜籽油

图2-9　蓖麻油

图 2-10 汽油

图 2-11 煤油

图 2-12 芳香烃类、醇类

图 2-13 酮类和酯类

（2）有机溶剂

在连接料中，有机溶剂是用于溶解树脂类成膜物质的。油墨中常用的有机溶剂有芳香烃类、醇类、酮类和酯类等，主要用于制造挥发干燥的照相凹版油墨和柔性版油墨（图 2-12、图 2-13）。

（3）树脂

树脂是连接料的核心原料，是一类分子量较大、分子结构比较复杂的非晶态有机高分子物质。其存在形态有坚硬发脆的固体，又有黏稠的液体；属于无定形非晶体，无确定熔点，只有软化点；固态树脂颜色在黄、棕色之间。树脂的成膜性好，能提高油墨的光泽度、抗水性、流变性和印刷适性（图 2-14）。

固态树脂

液态树脂

图 2-14 树脂

（4）辅助材料——蜡和铝皂

蜡和铝皂是油墨连接料的常用助剂，能改善油墨的抗水性、流变性和印刷性能。可以调节各种油墨的黏性，使油墨疏松、墨性短，提高固着性（图2-15）。

铝皂是连接料的凝胶剂，连接料轻度凝胶化时表面呈增稠状态，所以也称增稠剂（图2-16）。

3. 助剂

油墨的助剂是指在使用油墨时，为了得到最适合印刷条件要求的油墨性能，在油墨中加入的调节油墨性能的物质（图2-17 ~ 图2-20）。

助剂主要包括色彩调整剂、流动性调整剂和干燥性调整剂，主要起到调节油墨的三大性能的作用。

（1）色调调整剂包括冲淡剂（也叫撤淡剂）、提色剂。为了提高油黑墨的黑度，可以加入铁蓝或射光蓝等颜料以调整炭黑的偏棕色相。

（2）干燥性调整剂包括催干剂和防干剂。干燥促进剂俗称燥油，是一种催干剂，任何依靠氧化结膜干燥的连结料都需要加入催干剂。防干剂（反干燥剂）对油墨起负催干作用，当油墨本身干性太强，加入反干燥剂，可保证油墨在机上稳定。

（3）流动性调整剂包括稀释剂（高沸点油）、增稠剂（成胶剂）。稀释剂是指可以降低油

图 2-15　蜡

图 2-16　铝皂

图 2-17　油墨的助剂

图 2-18　调墨油

图 2-19　油墨助剂—微晶蜡

图 2-20　油墨助剂—硫酸钡

墨的黏稠度，增加油墨的流动性的物质，又称"减黏剂"或"撤淡剂"。增稠剂能使连结料的黏度增大，改变油墨的流动性。

油墨中还有其他辅助材料，如增塑剂、防脏剂（也叫防蹭脏剂）、表面活性剂、紫外线吸收剂等。

2.1.2　油墨的性能

1. 油墨的干燥性

1）干燥定义

油墨转移到承印物表面后，由液态膜经一系列的物理、化学变化而成为固态膜层的过程，分为固着和固化两个阶段。

固着是指墨膜由液态变为半固态，不能再流动转移，固着良好的墨膜，轻微的机械力不会被蹭掉，利于堆放。

固化是指半固态油墨中的连接料发生物理、化学反应，完全干固结膜，固化后的墨膜具有较强的机械强度，在较大的外力作用下也难使油墨在彻底干燥阶段被蹭掉（图 2-21）。

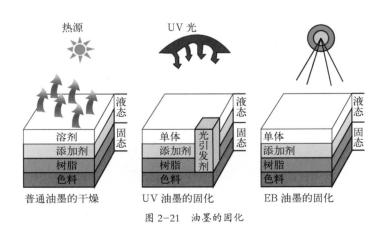
图 2-21　油墨的固化

2）油墨的干燥方式

（1）吸收干燥（渗透干燥）：指油墨在其液体组成部分渗入纸张后由流态转为固态的过程。其特点是连结料渗入纸张纤维中，连结料迅速脱离颜料而渗透到纸张内部，颜料和部分较稠的连结料组分被留在纸表面上，油墨体系黏稠度迅速提高，最终达到干燥状态。该种类型连结料中不含成膜物质，不存在固化阶段，油墨的干燥过程就是固着过程，因此墨膜不能承受强力的摩擦。

（2）挥发干燥：挥发干燥指溶剂型油墨在其溶剂挥发后由流态凝固成固态膜的过程。其特点是油墨中的溶剂脱离油墨进入气相，留树脂、颜料于承印物表面，脱除溶剂的树脂恢复了原有固体状态。

（3）氧化结膜干燥：利用氧化聚合反应使油墨从液态转变为固态，形成有光泽、耐摩擦、牢固的油墨皮膜的过程，称为油墨的氧化结膜干燥。以干性植物油为连接料的油墨，吸收空气中的氧之后发生氧化聚合反应，使干性植物油分子变成立体网状结构大分子，干固在承印物表面。

（4）辐射干燥（UV干燥）：是指油墨在紫外线的照射下干燥的过程。UV干燥的特点是干燥速度快，不会造成黏脏，无溶剂挥发不会产生空气污染，不易在印刷机上起皮，干燥不受承印、润版液的pH值的影响，油墨成膜质量高有光泽（图2-22）。

2. 油墨的光学性质

1）光泽度

光泽度的定义：光线照在墨膜表面时，镜面反射光量占总反射光量的百分比。影响墨膜光泽度的因素有以下几种。

（1）油墨的流平性

油墨流平性越强墨膜光泽度越高，反之越低。油墨的流平性跟纸的平滑度、墨膜厚度、连接料在墨膜的表面保留量有关。

（2）油墨的干燥方式与速度

渗透干燥型油墨光泽度差，氧化结膜干燥型油墨与UV干燥型油墨光泽度一般较高。油墨的干燥速度要适中，如果干燥速度太快化，容易造成墨膜光泽度差。

（3）承印物的表面状态

承印物光泽度越高，则墨膜光泽度越好。

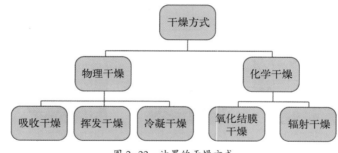

图2-22 油墨的干燥方式

（4）油墨本身的性能

颜料颗粒越大，印迹光泽度越强，连接料树脂含量越高，油墨成膜质量与光泽度越高。

（5）印刷工艺

胶印工艺中墨层的厚度、水量的大小、墨色顺序等工艺参数都会影响油墨的光泽度。

2）透明度

透明度的定义：墨膜透过光线能力的大小，它由油墨原材料性质所决定。

影响油墨透明度的因素有以下几种。

（1）颜料本身的分子结构及结晶结构：只有粒子表层电子层的频率与入射光频率相近，该粒子才能吸收该入射光线。因此，颜料粒子本身的分子结构与结晶结构决定了油墨透射光线的能力，也就决定了油墨的透明度。

（2）颜料颗粒大小：颗粒越小，透明度越低，当粒径 < $\lambda/2$ 时，其透明性急增，并造成选择性透光，引起色变（λ：入射光波长）。

（3）油墨中固体含量：油墨中固体含量增加，油墨透明性往往下降。

（4）色料与连接料折光率的差别：色料与连接料的折光率的差别越大，透明性下降，反之透明性增强。

3）油墨颜色

油墨颜色的定义:指油墨涂布在承印物表面所呈现的色彩，它是油墨对光线的选择性吸收、透射、反射所呈现的结果。

油墨根据是否透明，其颜色的形成可以分为以下两种情况。

（1）透明油墨：图 2-23

（2）不透明油墨：图 2-24

影响油墨颜色的因素有多种情况。原料的颜色与透明度直接决定了油墨的颜色性能，承印物的颜色也会影响透明油墨的颜色。墨层厚度厚会使得油墨颜色加深。墨膜的干湿状态也会影响油墨的颜色，油墨在未干燥的状态下一般颜色会比较深。

3.油墨的黏滞性及印刷适性

1）油墨黏度与黏滞流动

黏度定义：流体在受外力作用时，各层的流速不同，在两个互相接触的流速不同的液面间会产生一种阻碍其相对运动的力，度量这种力学性质的物理量称为黏度。

油墨黏度过大容易造成的印刷事故有：①拉丝性强容易形成飞墨现象；②油墨黏着力大于纸张的表面强度容易引起纸张的脱粉、拉毛现象；③油墨转移困难，墨量不足、墨色不匀；④油墨墨层过厚、干燥速度放慢容易造成背面黏脏或黏连。

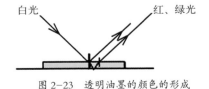

图 2-23　透明油墨的颜色的形成

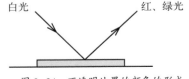

图 2-24　不透明油墨的颜色的形成

油墨黏度过小容易造成的印刷事故有：流动度增大，易产生油墨乳化，造成印品上脏；网点扩大，清晰度下降，光泽度下降；黏度太小时，不易带动油墨中大颗粒的颜料，这些颜料颗粒堆积在墨辊、橡皮布或印版上，造成堆版现象。

2）屈服值

屈服值定义：油墨屈服值是指油墨流体产生形变而开始流动所需最小的作用力。当油墨受到外力作用时，油墨稳定的结构受到破坏。当外力达到一定程度时，油墨开始流动。导致油墨流动的作用力就是屈服值。

油墨屈服值与印刷的关系：油墨屈服值过大，油墨较硬，流动度小，下墨困难；油墨屈服值过小，油墨较软，流动度大，线划版和网线版印刷中易产生印迹铺展现象。

3）油墨的触变性

油墨触变性定义：是指油墨在外力搅动作用下流动性增大（由稠变稀），停止搅动后流动性又减小（由稀变稠）的现象。

油墨触变性与印刷的关系：油墨触变性低，油墨转移性好，印刷清晰；油墨触变性过高，下墨困难，易产生堆墨。降低油墨触变性的方法是充分搅拌、碾压油墨，对油墨反复地施加外部剪切作用力。平版印刷机中有长长的墨路系统，就是为了反复地碾压油墨，降低油墨的触变性，稳定油墨黏度，最终控制转移到纸张上的墨量。

4.油墨的黏着性及印刷适性

1）黏着性

黏着性定义：是指油墨被断裂分离时所产生的抵抗阻力。即在一定速度下分离油墨所需要的力。

黏着性与印刷的关系：黏着性过大，油墨转移困难，油墨分布不均匀容易导致印迹墨量不足、墨色不匀，产生偏色；黏着性过小，墨丝回弹无力，印品网点增大严重，图文不清晰，并且易引起油墨乳化、失光、粉化、脏版。

2）拉丝性

拉丝性定义：是指油墨受拉伸作用到断裂时形成丝状的能力。即油墨在分裂时形成丝状的能力。

拉丝性与印刷的关系：凹印和高速卷筒纸印刷要求油墨拉丝性较弱，油墨的丝头短；胶印要求油墨拉丝性强，并有良好的回弹性；拉丝性影响油墨墨层的分离及转移性；拉丝性强的油墨，流平性好，油墨回弹力强，印品清晰，但油墨传递、分布比较困难，易产生飞墨；拉丝性弱（即丝头过短），油墨流平性差，回弹无力，网点增大严重，图文不清晰。

2.2　油墨的检测

2.2.1　油墨干燥度的测定

1.压力摩擦法

压力摩擦法一般用来测定渗透干燥型油墨的干燥速度。这种方法是将油墨的刮样覆盖在

新闻纸上，每隔一定的时间，在固定的压力
下进行摩擦，从开始刮样到新闻纸不再因摩
擦力染色的时间，即是油墨的干燥时间，用
以表征油墨的干燥速度。

图 2-25　油墨干固仪

2. 压痕法

压痕法一般用来测定氧化结膜干燥型油
墨的干燥速度，通常在油墨干固仪上测定。
干固仪的种类很多，原理基本相同（图 2-25）。这种方法需先在印刷适性仪上印出油墨试验条，
然后在试验条上覆纸，一起固定在干固仪上，干固仪开始工作。干固仪的托纸板自左而右做
间歇运动，时间间隔可以在开机前选定，压痕机构即可上下移动又可做前后的运动，下移时
便压在覆盖膜上，前后运动便可在覆纸上留下墨痕。

2.2.2　油墨细度的测定

油墨的细度表示油墨中颜料（包括填充料）颗粒的大小与颜料颗料分布在连接料中的均
匀度。将油墨稀释后，用刮板细度计测定颗粒研细程度及分布状况称为油墨细度，以微米表
示（表示油墨颜料颗粒的最大直径）。油墨颗粒粗大会引起印刷故障：平版印刷中可能产生堆版、
糊版，甚至毁版；溶剂型油墨会引起毁版、油墨沉降等。特别是印刷加网线数比较高的印刷品，
对油墨细度的要求更高。

测量油墨细度的方法很多，最常用的方法有显微照相法和刮板细度计法。

1. 显微照相法：使用电子显微镜，根据颗粒尺寸判定油墨的细度。

2. 刮版细度计法：刮板细度计又名细度计，是一块中间刻有由深到浅凹槽的钢板，如图 2-26
所示。

其测量步骤为：

1）挑墨：用吸墨管吸取一定量的受试油墨（如
0.5ml）于玻璃板上。

2）加调墨油：根据流动度的大小用注射器加入
6 号调墨油进行稀释。稀释范围：流动度在 24mm 以
下加 18 滴（或以每滴 0.02ml 计算，加入 0.36ml）；
流动度在 25 ~ 35mm 加 14 滴（或加 0.28ml）；流动
度在 36 ~ 45mm 加 10 滴（或加 0.28ml）；流动度在
46mm 以上不加油。

3）刮墨：用调墨刀充分调合均匀，挑取已稀释
均匀的油墨，置于刮板细度仪凹槽深度 25μm 处，
将刮刀垂直横置于细度仪凹槽处的油墨之上，刮刀
保持垂直，双手均匀用力自上而下徐徐刮至零点处
停止，使油墨充满刮板细度仪凹槽。

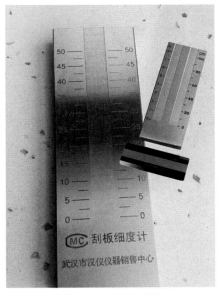

图 2-26　刮板细度计

图 2-27　刮板细度计使用示意图

4）读取数值：在一个刻度范围内超过 15 个颗粒的算上刻度数值，不超过 15 个颗粒的算下刻度数值。一般颗粒越粗，细度值越小（图 2-27）。

2.2.3　油墨膜层的耐抗性测定

油墨膜层的耐抗性是指油墨形成固态膜层后，膜层受到外界因素侵袭时，保持膜层色彩及其他品质不变的性能，又称稳定性。评价膜层的稳定性包括两个方面的内容：首先是膜层中的颜料受到侵蚀，化学结构是否发生变化，从而导致颜色变化；其次是膜层材料受到侵蚀而被破坏，颜料是否游离出膜层。

常见的耐抗性测定包括：

1. 耐光性

由于许多印刷品要长期曝晒在日光下，所以测定印刷油墨的耐光性是非常必要的。印刷油墨耐光性的强弱主要取决于所使用的颜料，颜料在光的作用下发生化学反应或晶形转化则导致褪色。

2. 耐热性

如果有些油墨印刷时需要强制干燥（如印铁油墨、软管油墨、热固型油墨的加热烘干）或印刷品有其他用途需要加热时（如塑料油墨印在包装薄膜上要加热封口），要求颜料必须能够承受高温而不变色。

3. 耐酸、碱、水和溶剂性能

在国家标准中，规定了测试印刷油墨耐酸、碱、水和化学溶剂性能的测试方法，有浸泡法和滤纸渗透法二种。

图 2-28　打样样张

1）浸泡法

将被测油墨在刮样纸上刮样或印成实地版，在常温下干燥 24 小时，剪成小条分别浸泡在下列试管中：①1% 盐酸溶液；②1% 氢氧化钠溶剂；③蒸馏水；④95% 乙醇或其他溶剂。浸泡 24 小时后，取出试样与保留的未浸泡样张（图 2-28）对比，判断被测油墨耐酸、碱、水和化学溶剂的级别。

2）滤纸渗透法

按照浸泡法制备样张，将其一半平放在玻璃板上，取定性滤纸 10 张浸透酸、碱、水或溶剂，放在试样上，加盖一块玻璃板和砝码，静置 24 小时后取出。仍与图 2-28 所示样张对比观察试样，滤纸染色张数 0 张为 5 级、1 ~ 3 张为 4 级、4 ~ 5 张为 3 级、6 ~ 7 张为 2 级、8 ~ 9 级为 1 级，张数与试样变化级数不一致时，以二者中较差者为准。

2.2.4　油墨颜色质量的测定

油墨的颜色质量有多种测定方法，其中国内外比较广泛采用的是 GATF（美国印刷技术基金会）推荐的四个评价油墨颜色质量的参数。通过测定三种原色油墨印刷到纸张干燥后的光学密度值，计算该原色油墨的色纯度、色强度、色偏、色灰度、色效率来评价该原色油墨的质量。

1. 光学密度的含义

光学密度是指物体对入射光线的吸收程度，用物体对入射光线的反射率的对数值表示。

当光线照射到印刷品上的时候，光的一部分被吸收，另一部分被反射。印刷品上色调深的地方，反射的光量少，因此密度大；色调浅的地方反射的光量多，反射光密度小。

反射光密度的计量是由反射率得来的，印刷品上某一色调区反射出来的光量（光通量）Φ 与白纸反射出来的光量 Φ_0 的比率，称为反射率。

$$R=\Phi/\Phi_0$$

反射率倒数取以 10 为底的对数，称为反射光学密度。

$$D=\text{tg}（1/R）$$

由于油墨是靠对入射光线的选择性吸收，将剩余的光线反射出去而呈现颜色的，因此测量三原色油墨对其补色光线的吸收程度便能够测量油墨的颜色性能。

2. GATF 油墨颜色质量参数

用彩色密度计分别在蓝、绿、红光滤色片下测出黄、品红、青三原色油墨的密度值，便分别得到最高密度、中间密度和最低密度，并分别用 D_H、D_M、D_L 表示。

1）色强度

色强度是指原色油墨在其补色滤色片下测得的反射密度值，即原色墨三个密度值中的最高的密度值 D_H，如表 2-1 中的 1.2、1.22、0.98 分别是青、品红、黄油墨的色强度。

某三原色油墨的密度值　　　　表 2-1

墨色 ＼ 滤色片 密度	红	绿	蓝
C	1.20	0.20	0.10
M	0.10	1.22	0.20
Y	0.12	0.20	0.98

2）灰度

油墨的灰度表示原色油墨中含有灰成分的量，用百分率表示。三种密度中，最低的值决定了油墨灰度的多少。灰度的计算方法如下：

$$灰度 = \frac{D_L}{D_H} \times 100\%$$

油墨灰度不影响油墨的色相，它对油墨的明度和彩度有一定影响。灰度值越大油墨的明度越低，彩度越低，油墨暗淡没有光泽。

3）色相误差

色相误差又称色偏，是表示油墨色相偏离理想原色油墨色相的量，用百分率表示。

$$色相误差 = \frac{D_M - D_L}{D_H - D_L} \times 100\%$$

由于油墨制造技术的限制，我们生产的原色油墨几乎都存在色偏的现象。在三个密度值中，油墨的偏色情况由中间的密度值，即 D_M 决定。居于中间的密度值说明该油墨对于该密度值对应的补色光线的吸收程度比较明显，因此其色相偏向该补色光线所对应的原色油墨颜色。

表 2-2 数值中，青色油墨偏品红色，品红色油墨偏黄色，黄色油墨偏品红色。因此，在油墨的使用过程中要注意，同等数量的三种原色油墨混合后并不能得到中性灰色，而是得到一个偏棕色的中性灰色。

4）色效率

油墨的色效率是反映油墨选择性吸收反射能力大小的参数，用百分率表示色效率的计算方法如下：

$$色相率 = 1 - \frac{D_M + D_L}{2D_H} \times 100\%$$

三原色油墨存在着应反射色光反射不够，应吸收色光又吸收不足的缺陷，所以不同程度地存在色偏、色灰度，使得油墨的色效率下降，油墨的呈色能力受到了影响。

			三原色油墨的各指标计算值			表 2-2
油墨	色强度	色相误差	色灰度	色效率
青	1.2	9%	8.3%	87.5%
品	1.22	8.9%	8.2%	87.7%
黄	0.98	10.8%	12.2%	83.7%

理想的三原色油墨应该只吸收其补色色光，而完全反射另外两种色光，然而实际生产中油墨的误吸收是避免不了的。原色油墨的四种颜色质量参数能够帮助我们选择色强度高的、偏色情况少的、色效率高的油墨。

2.3 油墨的选用与准备

2.3.1 油墨的选用

1.四色油墨的选用

油墨从很大程度上可以根据油墨的名称来选用。油墨按照印刷版式不同可以分为：平版印刷油墨、凸版印刷油墨、凹版印刷油墨、柔版印刷油墨、孔版印刷油墨、数字印刷油墨、特种印刷油墨等。按照干燥方式可以分为：渗透干燥型油墨、挥发干燥型油墨、氧化结膜干燥型油墨、辐射干燥型油墨等。印刷业对油墨还有以下分法：

根据承印物分类：纸张油墨、印铁油墨、塑料薄膜油墨、玻璃油墨、陶瓷油墨等。

根据印刷品用途分类：新闻印刷油墨、书刊印刷油墨、包装印刷油墨（香皂类、化妆品类、塑料包装类、铁皮类、食品类、药品类等）。

根据油墨连结料分类：油型油墨、树脂型油墨、溶剂型油墨、水性油墨等。

根据印刷机类型分类：单张印刷油墨、轮转印刷油墨、丝网印刷油墨等。

根据干燥类型分类：氧化干燥型油墨、溶剂挥发型油墨、渗透干燥型油墨、热固型油墨、冷固型油墨、紫外线干燥型（UV）油墨等。

根据油墨的特殊性能分类：磁性油墨、防伪油墨、发泡油墨、荧光油墨、导电油墨、芳香油墨、食品油墨、复印油墨、软管油墨等。这些分类方法是有交叉的，比如印铁油墨，其中有胶印油墨，也有丝网印刷油墨，在平面的铁皮上印刷时通常是胶印，立体铁制品必须丝印。

一种油墨可以同时属于多个分类，这体现在它的全名中。如"平版胶印耐蒸煮塑料薄膜孔雀蓝油墨"，它是平版胶印油墨，专印塑料薄膜，像食品袋这样的产品，印完后要蒸煮消毒，这种油墨耐蒸煮，它的颜色是孔雀蓝。

目前市场上的油墨命名方式也不尽相同，但通过油墨的名称，可以看到以下的一些特点：

用于什么样的印刷工艺——胶印、丝印、柔印、单张纸印刷、轮转印刷等。

用于哪一段印刷流程——有打样油墨、印刷油墨之分，打样油墨一般比印刷油墨艳。

用于什么样的印版——凸版、平版、凹版、孔版等。

可以印在什么样的材料上——纸张、塑料（有机玻璃、PVC、KT板、聚丙烯PP、PS、PC、ABS）、编织袋、尼龙、皮革、纺织品、金属（不锈钢、铁、铝、铜等）、涂层金属、电镀件（镀金、银、铬、镍、铝、锌等）、玻璃、陶瓷、石材、木材等。

1）油墨的颜色——青、品红、黄、黑是最常见的，这一组标准的四色油墨由不同的厂家生产出来，色度会有些差别。仍有几个大类，国际通用型、美国柯达型、日本及西欧通用型；此外还有白、粉红、大红、朱红、橙色、中黄、柠檬黄、嫩绿、中绿、翠绿、浅蓝、深蓝、紫罗兰等不计其数的颜色，用来满足某些特殊印刷工艺的需要，这些印刷工艺（比如陶瓷和玻璃丝印）不能随意采用四色叠印。另外还有无色的上光油，以及金（青金、红金、青红金）、银、荧光油墨的种类（荧光黄、荧光橙、荧光绿、荧光红、荧光桃红等）、珠光、磨砂等特殊色泽（图 2-29）。

图 2-29　油墨的颜色

2）油墨的形态——胶状、液体、粉状油墨。

3）色料的成分——色料是油墨中能够呈现颜色的物质，包括有机和无机两大类，如蓝色，当用偶氮蓝时，它就是有机色料，当用氧化钴，就是无机的。

4）连结料的成分——连结料是把色料黏连在一起，并促使油墨干燥的物质。

有许多种类型：有机溶剂（如松节油、松油醇等，油墨随着它的挥发而迅速干燥）、溶解在有机溶剂中的树脂（如环氧树脂、聚酰胺树脂、丙烯酸树脂、乙基纤维素、松香、乳香等，当有机溶剂渗入承印物或挥发时，树脂发生交联固化）、油脂（油画颜料中的亚麻仁油就是这样的连结料，它比一般的油干燥得快，因为它可以和氧气发生化学反应，变成固体）、水性连结料（可溶于水的连结料，用于纺织品印花的油墨，它的连结料就是水性的）、石蜡（在加热条件下印刷，去掉热源后油墨迅速固化）等。其中，树脂作为连结料是最常见的，目前的广告、画册、书刊、海报大都是采用树脂油墨在胶印机上印刷的。

5）干燥机理——渗透干燥（连结料渗透到纸张等承印物中，使油墨干燥）、氧化聚合（油墨中的油脂和氧气发生反应而固化）、挥发干燥（油墨中的有机溶剂挥发，留下色料等固体成分）、光固化（在紫外光或红外光的照射下，油墨由液体变为固体）、热固化（在加热的情况下固化）、冷固化（在冷却的情况下固化）等。

6）干燥方法——自然干燥、热风干燥、红外线干燥、紫外线干燥、冷却干燥等。

7）对各种条件的耐受性——耐光、耐热、耐溶剂冲洗、耐摩擦、耐化学腐蚀等。

2. 专色油墨的选用

专色油墨是除标准四色油墨以外的任何油墨。其中很多又被叫作特种油墨。常用的品种有：

1）光油：用来给印刷品上一层光亮的膜。光油本来是液体，但涂布后用紫外光照射，它可迅速固化。紫外光固化的缩写是"UV"，所以印刷业习惯把上光简称为"UV"。但还有很多种油墨是靠紫外光固化的，包括后面所说的从镜面油墨到丝印硅胶。

光油分为三种：

（1）整版光油：在印刷品整个表面涂一层亮膜，类似于覆光膜的效果，但工艺有所不同，覆膜是把固体的塑料薄膜压在纸张上，用覆膜机来压，而光油是液体，用印刷机来涂，实际上它是被当成一种油墨印上去的。

（2）局部光油：只印在某些文字、图案上。现在的书籍装帧常常采用局部光油，让书名和重要的文字有光泽，而其他部分是无光的，形成质感对比。

（3）凸字光油：与局部光油的作用一样，但墨层更厚，使字迹产生浮雕感。

2）镜面油墨：印在塑料或玻璃的反面，让人们从正面看仿佛是电镀或烫金的效果，有各种彩色镜面，用于手机、计算机、电话机、影碟机、微波炉、洗衣机等家用电器的控制面板，以及化妆品、工艺品包装的表面装饰。

3）反光油墨：掺入了反光的玻璃珠，用于各种金属、塑料的反光标牌。

4）磨砂油墨：产生毛玻璃一样的质感。

5）弹性油墨：印在各种柔软而有弹性的材料上，如人造革、真皮、尼龙布、塑料薄膜，用来生产运动鞋、皮包等。在拉伸或洗涤的过程中，固化膜与底材同步伸缩，有极好的抗拉伸和耐摩擦性，也能为画面增加立体感。

6）膨胀油墨：经紫外线固化后，厚度可增加 5 ~ 10 倍，还可掺入金、银粉，色彩鲜艳，凹凸感强。

7）发泡油墨：受热时会发泡隆起，冷却后凝固成凹凸图案，如果底材有反光或花纹，效果就更漂亮。

8）皱纹油墨：在紫外光照射下会产生皱纹，并可通过控制墨层厚度、光源距离而产生不同的纹理效果。

9）锤纹油墨：它形成的花纹就像被铁锤敲打后留下的一样，而且凹凸起伏，有金属光泽。用于各种仪表仪器、烟酒盒、化妆品包装的表面装饰。有无色透明的，也有各种金属色（浅金色、深金色、黄金色、古铜色、银色、墨绿、天蓝等）。

10）彩砂油墨：有强烈的金属质感和砂感，有金砂、银砂等颜色。用于印刷各种金属和玻璃标牌，尤其是户外广告牌。

11）雪花油墨：有雪花状花纹和皱纹。

12）冰花油墨：无色透明或有色油状流体，在紫外线照射下，墨层逐渐收缩，形成大小不一的冰花裂纹图案，有强烈的闪光效果和立体感。冰花的大小、形状与墨层厚度有一定的关系，固化优良的冰花立体感强，闪光效果好，并有各种颜色。

13）珠光油墨：再现自然界珍珠、贝壳、蝴蝶、鱼鳞和金属的光泽。

14）水晶油墨：无色，晶莹剔透如同水晶。

15）折光油墨（镭射油墨）：其本身是无色透明的，但在不同的角度下可以看到变化的彩色光泽。

16）立体光栅油墨：无色透明，能呈现立体光栅图案。

17）荧光油墨：用荧光色料制成的油墨，具有将紫外线短波转换为较长的可见光而反射出更耀目色彩的性质。

18）磷光油墨（夜光油墨)：具有吸光、蓄光、发光的功能，吸收各种可见光 10 ~ 20 分钟，就可在黑暗中连续发光 12 小时以上。有一种夜光粉，可作为添加剂掺入油墨或塑料、橡胶、玻璃、陶瓷、化纤织物等材料，使这些东西自发光。

19）金墨：印刷后呈黄金光泽的油墨，系由铜合金粉为颜料所制成。

20）银墨：印刷后呈白银光泽的油墨，系由铝粉为颜料所制成。

21）香味油墨：能发出各种香味——葡萄、草莓、薰衣草、青苹果、薄荷、蜂蜜、茉莉、檀香、桃子、凤梨、香蕉、巧克力、绿茶、樱桃、桔子、柠檬、玫瑰、酒香等。

22）丝印硅胶：这是一种可以印得很厚的、弹性良好的油墨，可牢固地附着在纺织品、皮革等材料表面，就好像在上面贴了一块胶一样，可用于服装标牌、运动手套等器具的防滑防水、鞋袜的装饰和防滑、各种袋子和箱包的装饰，也可以用于书籍装帧。

23）压敏防伪油墨：这种油墨受压、受摩擦时，会改变颜色，或无色透明的变得有颜色，可以用来印刷隐形的图文，作为防伪的暗记。

24）光敏防伪油墨：在紫外光、红外光或日光照射下，能由浅色变深色，或由无色变有色，让人看见普通光下看不见的标记。人民币上的荧光防伪标记就是用这种油墨印的，在短波紫外线照射下可发荧光。

25）光变防伪油墨：油墨中加入了特殊的材料，使它有流光溢彩的金属光泽，用扫描仪、彩色复印机等设备都无法复制，而且在自然光下，随着人眼视角的改变，会呈现不同的颜色。这种油墨的成本相当高，难以假冒，主要用于印刷钞票、有价证券、身份证、护照、著名商标等，也可用于手机、汽车等产品。

26）防涂改油墨：用这种油墨在票据上印一层底纹，当有人用消字灵等药物试图修改票据上的字迹时，底纹会变色、褪色或消失。

27）温变防伪油墨：色料会随温度变化，有低温型、中温型、高温型三种，其中，又分可逆和不可逆两种变色方式（如红色正方体的碘化汞，当加热至137℃时变为青色的斜方晶体，冷却至室温后，又恢复到原状）。手温变色防伪油墨是其中使用最方便的，在34℃～36℃下，就会变色，就是说用手一摸就会变色。

28）湿变防伪油墨：遇水时，由白色变得透明，可以在纸张的空白处先用普通油墨印一个图案再用湿变油墨压住，将来检真伪时，用水打湿，湿变油墨变得透明，底下的图案就呈现出来。

29）磁性防伪油墨：它是最常规应用的防伪油墨，其突出的特点是外观色深、检测仪器简单，多应用于票证防伪。防伪原理是色料采用磁性物质（如氧化铁或氧化铁中加入钴等化学物质），这些物质是小于微米级的针状结晶，在磁场中很容易均匀地排列，从而得到比较高的残留磁性，带有这种残留磁性的符号与数码通过自动处理装置内的摩擦作用而实现辨认识别功能。

30）多重防伪油墨：采用了多种防伪技术的油墨，如激光全息标识结合荧光加密防伪油墨，在不损坏激光全息标识完整性的前提下，增加新的防伪措施来进行二次加密。目前市场上已采用的一种激光全息标识二次加密综合防伪技术，即在激光全息标识上经过一定工艺加入可检测的特殊荧光材料，在日光下肉眼看不见，在特殊仪器的检测中显示特殊的各色荧光图文。

以上所列的只是油墨世界的沧海一粟。要在自己的业务中选择合适的油墨，请向油墨厂或印刷厂咨询。

2.3.2　油墨的调配

油墨的调配是印刷工艺中一项重要的工作，这项工作直接关系到印刷品的质量。在实际生产中，我们不仅要根据印刷品的要求来调配不同颜色的彩色油墨，也要通过调节油墨的自身性质来提高油墨的印刷适性。因此，油墨的调配分为油墨性质的调配与彩色油墨色彩的调配。

1. 油墨性质的调配

在实际生产中，由于印刷环境温湿度上的差异、承印材料特性和印刷工艺条件的不同，如纸的含水量 pH 值及印刷速度、叠印方式等不同。而尽管油墨品种是多样的，但每种油墨所使用的颜料、连结料和填充料的比例几乎是恒定的，往往还不能满足各种条件的印刷适性要求。所以，从提高印刷工效和质量角度出发，根据变化多端的印刷条件，在所选用的油墨中适当添加助剂，是非常必要的。

1）调墨油的作用

常用的调墨油有 6 号和 0 号。6 号调墨油用来增加油墨的流动性，改善油墨的传递性，降低油墨的浓度、黏度和干燥性。0 号油则具有较大的黏度，在油墨黏度不足引起墨色发花甚至布墨不良时，把适量的 0 号油打松搅匀加于油墨中，可达到增加油墨黏度和附着力的作用。

2）去黏剂的作用

去黏剂是一种蜡类膏状的混合物，质地松而润滑，适量加入油墨后能降低油墨黏性，减少纸张拉纸毛、掉粉弊病，并可提高布墨的均匀度。

3）防黏剂的作用

印迹过低是彩印工艺常见的故障，在油墨里加入适量的防黏剂后，可防止印张堆叠中因墨层未干而引起背面赠脏，从而保证产品质量。

4）添加剂的作用

它是一种白色透明膏状物质，适量加入油墨后可消除纸张掉毛、掉粉现象，以防止版面、橡皮布堆粉发糊弊病的发生。

5）撤淡剂的作用

撤淡剂是一种油膏状的透明物质，具有较好的光泽性和良好的印刷性能，加入彩色油墨后能起到冲淡油墨色相的印刷工艺效果。

6）耐摩擦剂的作用

它是由聚乙烯蜡和高沸点煤油等配成蜡膏，在印刷油墨中加入 1%～5% 的耐摩擦剂，可以提高印刷墨层的耐磨性，并能降低油墨黏性，减少发生黏脏机会。

7）止干剂的作用

止干剂加入油墨后可起到抑制油墨氧化、聚合的作用，减缓油墨结膜干燥的速度。在墨辊等传墨载体上喷涂止干剂可起到止干作用，给印刷中途停机和开印带来便利。

8）干燥剂的作用

干燥剂分白燥油和红燥油两种。红燥油是一种以萘酸钴为主的干燥剂，呈紫红色的浆状液体，适合于加在深色墨中，其干燥形式是以墨层表面先干为主，用量为 1%～2% 之间。白燥油则是由钴、锰、铅的金属盐类混合组成，俗称混合燥油，具有使墨膜内外全面催干作用，其燥性没有红燥油强烈，但催干效果较好，且其是白色半透明状，加入浅色墨后对色相无影响。

9）亮光油的作用

亮光油除用于上光外，凸版印实地的油墨加入适量的亮光油，既可增大油墨的流动性，有利于布墨的均匀，并可极大地提高印刷墨膜的亮度，使墨层具有一定的耐磨、耐晒和防止褪色的良好作用。由于亮光油结膜快，加入油墨后使印刷墨层干燥速度也加快，故调墨时应充分考虑这一情况。

总之，油墨的组成成分和辅助材料，是构成油墨、印迹的基础，了解和掌握这方面的知识，认识油墨的性能和使用方法，对保证印刷工效和产品质量，避免操作工艺上的盲目性，具有十分重要的意义。

2. 油墨色彩的调配

1）油墨调配的原理

对于彩色油墨的调配，一般来说，根据三原色的变化规律，若三原色油墨按各种比例混调，即可调配成多种不同色相的间色或复色，但其色相偏向于比例大的原色色相。若两种原色墨等量混调后，可成为标准间色；两种原色墨按不同比例混合调配后，可配成多种不同色相的间色，但其色相趋向于比例大的原色色相。此外，任何颜色的油墨中，加入白墨后其色相就显得更明亮。反之，加入黑色油墨后，其色相就变得深。分析原稿色相，利用补色理论纠正偏色，提高调墨效果。当接到印刷色稿后，首先应对原稿中的各种颜色进行认真的鉴赏和分析，掌握一个基本原则，即三原色是调配任何墨色的基础色。一般来说，应用三原色的变化规律，除金银色彩外，任何复杂的颜色都能调配出来。但是，在工艺实践过程中，仅靠三原色墨要调配出无数种的油墨颜色来，还是不够的。因为，实际上制造油墨的颜料不是很标准，甚至每批出产的油墨在颜色上免不了存有一定程度的差异。所以，在实际工作中还应加入适量，如中蓝、深蓝、淡蓝、射光蓝、中黄、深黄、淡黄、金红、橘红、深红、淡红、黑、绿色等油墨，才能达到所需油墨色相。

2）间色和复色的调配

所谓间色，就是由两种原色油墨混合调配而成的油墨颜色。

如红加黄后的色相为橙色，黄加蓝可得到绿色，红加蓝可变成紫色。两种颜色相混合，可以调配出许多种间色。即原色桃红与黄以 1：1 混调，可得到大红色相；若以 1：3 混调可得到深黄色；若以 3：1 混调可得到金红色相。如果原色黄与蓝等量混调，可得到绿色；若以 3：1 混调可得到翠绿色；若以 4：1 混调可得到苹果绿；若以 1：3 混调可得到墨绿色。若原色桃红与蓝以 1：3 混合调配，可得到深蓝紫色；若以 3：1 混调可得到近似的青莲色。而复色则源于三种原色油墨混合调配而成。若它们分别以不同比例混调，可以得到很多种类的复色。

3）油墨调配的基本原则

（1）尽量采用同型号的油墨和同型号的辅助材料。此外，能用两种原色油墨调配成的颜色就不要用三种原色油墨。同理，若需要某种间色调配的包装容器，亦须用间色原墨，以免降低油墨的亮度，影响色彩和鲜艳度。调配深色墨时，应根据用墨的重量，将主色油墨放入调墨盘内。然后逐步加辅助色，以及必要的辅助材料。

（2）凡以冲淡剂为主，原色或深色墨为辅的个性化印刷，所调配的油墨统称为浅色油墨。浅色墨调配的方法和调深色墨略有不同，是在浅色墨中逐渐加入深色油墨。切不能先取深墨后再加入浅色墨，因为浅色墨着色力差，如果使用在深色油墨中加入浅色油墨的方法去调配不易调准色相，往往会使油墨越调越多。

（3）调配专色油墨前要调配小试样印刷，即是根据原稿色相初步判断所要采用的油墨颜色，然后按比例从各色油墨中用天平称取少许油墨，准确称量，放在调墨台上调配均匀后，用刮刀刮取小色样与原样进行检查，并做好相关记录，妥善保存。

（4）调配复色专色油墨时，运用补色理论纠正色偏。例如，当某种复色墨中紫味偏重时，可以加黄墨来纠正；若红味偏重，则可加入青墨（如孔雀蓝或天蓝墨）来纠正；若黑墨偏黄，黑度不够时，可加微量的射光蓝作为提色料，因为射光蓝是带红色的蓝墨，有利于提高黑墨的黑度。

（5）掌握常用油墨的色相特征。在实际操作过程中，一定要掌握好常用油墨的色相特征。例如，在调配淡湖绿色油墨时，宜采用天蓝或孔雀蓝，切忌用深蓝去调配，因为深蓝墨带红味，加入后必然使颜色灰暗而不鲜艳，同理印刷检测，也不能用偏红的深黄墨，而采用偏青的淡黄墨效果较蓝。又如，调配橘红色油墨时尽量要用金黄油墨，因为金黄油墨的色相是红色泛黄光，可增加油墨的鲜艳亮度。另外，有些油墨的选用要根据画面效果来定，例如，印刷人物肖像和风景画选择的油墨应有所区别。

（6）注意不同油墨的比重。油墨的比重一般来说是不同的，比重相近的油墨容易混合，而比重相差太大的油墨则会引起印刷弊病。例如，比重大的铅铬黄墨与孔雀蓝墨调配的绿墨，放久了，比重小的色墨会上浮，比重大者会下沉，于是出现了"乳色"弊病。如果改用有机颜料制成的黄墨来调配，则弊病就没有了。另外白墨比重大，除了有遮盖要求和配色需要时少量加一些之外，尽量不要用白墨冲淡（若覆膜的活件另当别论），以防止叠色不良、掉色等质量问题发生。

（7）合理选择冲淡剂掌握好冲淡程度。当色相及用墨量确定之后，必须合理地选择冲淡剂，例如印刷胶版纸与铜版纸所用的冲淡剂不同。另外，冲淡程度是重要的技术环节，若冲淡比率小，印品表面易发花加网，墨层干瘪不实，色彩不鲜艳；若油墨冲淡过于厉害，则只有加大墨层厚度才能达到印刷所需色相，这样容易使版面低调区域出现糊版，以致分不清深浅层次。同时数码印刷，还会出现透印现象。还有，对于不耐光、不耐氧化、容易变色的原墨尽量避免用于调配浅色油墨，以免造成色彩不稳定。

（8）调配专色油墨刮样用纸要与印刷用纸保持一致，避免由于纸张不同而造成的颜色差异。

（9）调配专色油墨时要注意与印样密度保持一致。当刚调好的新墨与客户提供的印样颜色接近时，待新墨干燥后则会发生颜色变化，所以刚调好的新墨在颜色方面不能浅于印样。

（10）兼顾印后加工的特点。选择油墨时，要考虑印后加工情况，若印品需要上光，则选择一般性油墨即可，若选择耐摩擦性好的油墨，不仅成本高，而且影响上光效果。

3. 油墨的调配技术

1）调配油墨主要用到电子天平、刮墨刀、色谱等器材，图2-30列出了调配油墨用到的器材。

2）油墨调配流程

（1）在标准光源下观察所配色样的色相，在色谱中找到相应颜色（图2-31、图2-32）。

（2）参考色谱中油墨比例，用调墨刀和电子天平称取一定量的油墨（图2-33、图2-34）。

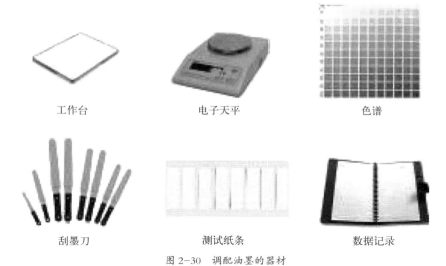

工作台 电子天平 色谱

刮墨刀 测试纸条 数据记录

图 2-30 调配油墨的器材

图 2-31 观察色样颜色

图 2-32 在色谱中找到相应颜色

图 2-33 刮墨刀取油墨

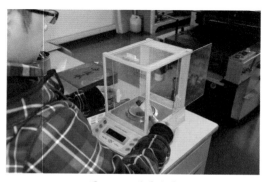

图 2-34 称量油墨

图 2-35　碾墨

图 2-36　展墨

图 2-37　与色样对比

图 2-38　调整并记录

（3）将两种（或多种）油墨在工作台上混合，用碾压的方法将油墨混合均匀（图 2-35）。

（4）将油墨在纸张上展平，并将油墨晾干。将调配出来的油墨与色样比对观察（图 2-36、图 2-37）。

（5）根据实际情况对油墨比例进行调整并记录（图 2-38）。

2.4　油墨应用案例

当我们为烟草包装、时尚礼品、精装书封面等高档印刷品选择油墨时可以考虑采用镜面卡纸与磨砂油墨的组合，这样的印刷品往往亮丽高贵，折光强烈，更容易衬托磨砂油墨的特点，感官上具有很强的冲击力，触摸油墨覆盖处，沙粒感明显。图 2-39 采用 250g/m² 镜面金卡纸，磨砂油墨，丝网印刷工艺，实地网版，300 目。

当我们为了突出某种材料的特殊质感，尤其是塑料类物品的质感时，我们可以选择胶印工艺与网印工艺结合的方法。图 2-40 采用 150g/m² 雅格纸，采用磨砂（细砂）油墨，先采用胶印四色工艺，再用丝网印刷特种油墨工艺，实地网版，300 目。这种油墨印刷在图像中的相机手柄处，模拟橡胶颗粒效果，惟妙惟肖。触摸油墨覆盖处，颗粒感明显，使读者更好地感受商品的魅力。这种油墨适用于戏剧海报、画册插页、书籍封面等。

图 2-39　镜面卡纸与磨砂油墨
组合案例
（图片来源：《印谱》中国印刷科
学技术研究所）

图 2-40　雅格纸与磨砂油墨
组合案例
（图片来源：《印谱》中国印刷科
学技术研究所）

图 2-41　玻璃卡纸与胶版四色 UV
油墨工艺组合案例
（图片来源：《印谱》中国印刷科学技
术研究所）

　　有时候我们需要印刷品有极其艳丽的颜色，并且具有一定的防伪性能。图 2-41 采用
230g/m² 玻璃卡纸，胶版四色 UV 油墨工艺，胶版印刷。这种油墨印刷后色彩鲜活亮丽，立体
感强，图文精细度高，无墨皮、无杂质。在光线折射下，出现多彩的变化。但与普通油墨相比，
成本增加很多。触摸油墨覆盖处，光洁平滑。这种油墨适用于烟草包装、高档化妆品、高档
礼盒包装等。

　　印品印刷完 UV 光油后再采用激光雕刻机进行轻微的雕刻，能够使得印品的立体效果更加
明显。图 2-42，采用 150g/m² 莱尼（绿松）纸，采用 UV 光油工艺，丝网印刷，并采用激光雕
刻机轻微雕刻。这种油墨印刷后会颜色加深，具有微凸的立体效果，在光线折射下，晶莹闪亮，
视觉冲击力强。触摸油墨覆盖处，有凸起的浮雕效果，触感明显。这种油墨适用于文化海报、
高中档包装盒、书籍封面等。

　　超雪铜版纸往往具有很高的平滑度与白度，油墨颜色在该种纸张上能得到很好的表现。
图 2-43，采用 157g/m² 超雪铜版纸，印刷 UV 光油后，采用激光雕刻版击凸。这种油墨印刷后，
在某种光线角度下有一定的立体效果。触摸油墨覆盖处，有微凸的感觉。这种油墨适用于高
中档包装盒、书籍封面、便笺等。

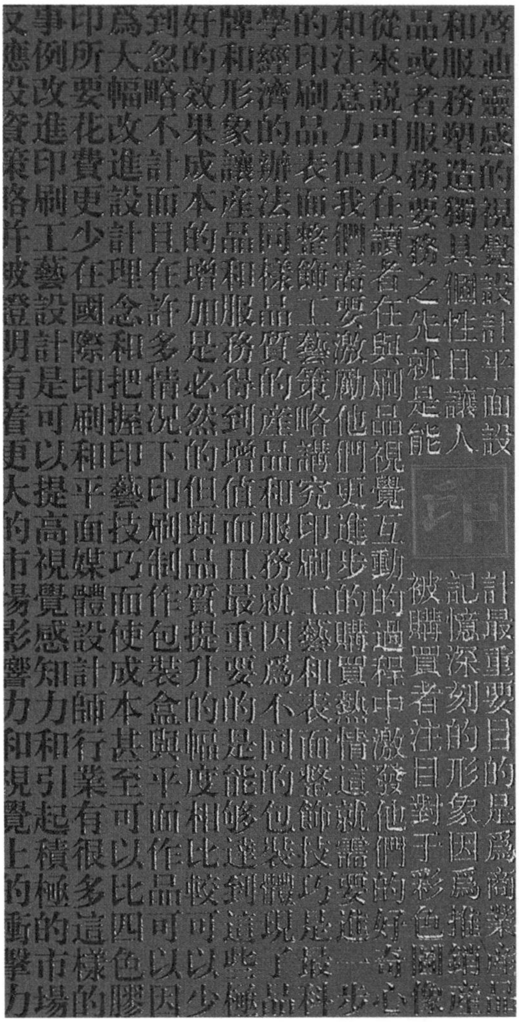

图 2-42　UV 光油工艺与激光雕刻组合案例
（图片来源：《印谱》中国印刷科学技术研究所）

图 2-43　超雪铜版纸与激光雕刻组合案例
（图片来源：《印谱》中国印刷科学技术研究所）

项目小结

本项目首先介绍了油墨的组成和油墨的显色性能及印刷适性，并介绍了相关性能的检测方法，本项目举例介绍了油墨的种类及应用特点，并从工艺角度介绍了油墨的印前调配技术。学生通过本项目的学习，可以完成油墨的选用和调配工作。

课后练习

1）油墨的组成成分包括哪些？各自起什么作用？

2）油墨有哪些干燥方式？各自特点是什么？

3）影响油墨光泽度的因素有哪些？

4）影响油墨颜色的因素有哪些？

5）油墨的黏着性与印刷的关系是怎样？

6）油墨干燥程度的检测方法有哪些？

7）如何使用刮板细度计测量油墨细度？

8）举例说明如何正确选择油墨。

9）列举 5 种专用油墨的特点及应用。

10）为什么要对油墨进行调配，油墨调配的原理是什么？

11）根据教师提供的试样，正确调配出指定颜色的油墨。

项目三　印版的检测与准备

项目任务

通过了解四大印刷方式制版工艺来判别印版类型及其参数。

重点与难点

1）印版的成像原理；

2）制版的工艺流程。

建议学时

15 学时。

3.1　印版的类型

3.1.1　印版的结构与特性

印版是指将其表面处理成一部分可转移印刷油墨，另一部分不转移印刷油墨的印刷版。国家标准的解释为：为复制图文，用于把呈色剂 / 色料（如油墨）转移至承印物上的模拟图像载体。将原稿上的图文信息制作在印版上，印版上便有图文部分和非图文部分，印版上的图文部分是着墨的部分，所以又叫作印刷部分，非图文部分在印刷过程中不吸附油墨，所以又叫空白部分。

印版由版基和版面两部分组成。版基是印版的支承体，具有一定的机械强度和化学稳定性；版面上有吸附油墨的图文部分和不吸附油墨的空白部分，版面具有选择接受油墨的功能。印刷时，只有图文部分能够接受油墨和传递油墨。

按照印版上图文部分与非图文部分的相对位置及印版的版面状态，印版可以分为凸版、凹版、平版和孔版，相应的印刷方式为凸版印刷、凹版印刷、平版印刷及孔版印刷。

1. 凸版：图文部分高于空白部分的印版称为凸版

1）传统凸版印刷工艺

最早的凸版由石拓、拓章衍生而来，并应用于印纹陶、斑纹布等物品之上。汉代各级官衙往返公文普遍使用的印章，就是凸版典型的范例。文献中记载："汉光和六年，刻了六经石碑，立于太学门外，观视及摹写者难以数计，有好事者创石拓印法。"这种"石拓印"法以及我国发明的雕版印刷都是凸版印刷工艺。

凸版印刷的原理比较简单，在凸版印刷中，印刷机的给墨装置先使油墨分配均匀，然后通过墨辊将油墨转移到印版上，由于凸版上的图文部分远高于印版上的非图文部分，因此，墨辊上的油墨只能转移到印版的图文部分，而非图文部分则没有油墨。印刷机的给纸机构将纸输送到印刷机的印刷部件，在印版装置和压印装置的共同作用下，印版图文部分的油墨则转移到承印物上，从而完成一件印刷品的印刷。凡是印刷品的纸背有轻微印痕凸起，线条或网点边缘部分整齐，并且印墨在中心部分显得浅淡的，则是凸版印刷品。凸起的印纹边缘受压较重，因而有轻微的印痕凸起。早期的铅活字印刷就是典型的凸版印刷方法，如图 3–1 所示。

图 3-1　活字凸版

图 3-2　感光树脂版

2）柔性版印刷工艺

柔性版印刷是一种采用模压橡胶凸版进行印刷的工艺，由于最初采用苯胺染料配制的印刷油墨，故曾名苯胺印刷。最早的苯胺印刷机在 1890 年由英国人首创，最初用于纸袋印刷，后被推广用于食品、药物等包装印刷。因苯胺染料有毒，为卫生组织禁止，所用油墨配方早已改变，人们遂提出更名的建议。1952 年在第 14 届包装年会上议决更名为"flexography"。"flexo"具有可挠曲的含义，故译为柔性版印刷。柔性版版材属感光性聚合物（图 3-2），如杜邦公司的赛丽版，主要成分为合成橡胶，用有机溶剂显影。还有醇溶性、碱溶性及水溶性的柔性印版。由于版材、油墨及印刷设备的改进，柔性版印刷质量大有提高，已应用于报纸、书刊印刷，是凸版印刷中很有发展前途的工艺。

3）凸版胶印工艺

凸版胶印是用感光聚合物做成的薄凸版（一般为 0.25mm 左右），如胶印那样，印版上的油墨先转印到橡皮布滚筒，再转移到印张上，因此也称为间接凸印。由于印版无需润湿，故又称干胶印。它既有凸印的优点（墨色较厚实），又避免了胶印的弱点（因润湿液带来的副作用）。但制版成本较高，橡皮布长期受浮雕型版面的压印容易出现凹瘪痕迹，使用寿命较短，因此应用不广泛。

目前印刷工业中常使用的凸版是图 3-2 所示的感光树脂版。

2. 平版

平版是指图文部分与非图文部分几乎处于同一个平面上的印版，始于德国人阿罗斯·塞纳菲尔德于 1796 年发明的石版印刷工艺。

1）平版印版发展过程

（1）石版

以石板为版材，将图文直接用脂肪性物质书写、描绘在石板上，或通过照相、转写纸、转写墨等方法，将图文间接转印于石版上进行印刷。其中，前者称为"绘石"，后者称为"落石"。绘石和落石是石版印刷术的两种制版方法。绘石制版工艺简单，只能用来印刷简单线条图文的印件，是石版印刷发明初期应用的工艺技术。落石制版工艺复杂，是在绘石制版基础上发展而来的，分彩色石印和照相石印两种，是发展了的石版印刷术。直到现今，石版印刷还被用于古画复制、年画印刷等方面，以求达到特殊效果。

（2）珂罗版

珂罗版印刷属平版印刷范畴，是最早的照相平版印刷方法之一，因多用厚玻璃为版基，所以又叫"玻璃版印刷"。多用磨砂玻璃为版基，涂布明胶和重铬酸盐溶液制成感光膜，用阴图底片敷在胶膜上曝光，制成印版。珂罗版是19世纪德国人发明的，清光绪初年传入我国。珂罗版印刷全是人工操作，墨色极佳，靠不规则皱纹的疏密表现画面的深浅层次，印品无网点，浓淡层次清晰。并且珂罗版是专色压印，无色偏差，能充分表现书画艺术品层次丰富的墨韵彩趣，最适合印刷名人书画碑帖、珍贵图片、文物典籍等精致的高级艺术品。

（3）蛋白版和平凹版

蛋白版是在锌板上涂布一层由重铬酸铵和蛋白胶配置而成的感光胶，烘干后和阴图底片一起放入晒版机内进行曝光制成的印版。平凹版又称阳图版，是指以锌或铝为版基，用阳图底片晒版，经显影和腐蚀后，图文略低于空白部分的平版印版。平凹版虽然在承印能力和印刷质量上与蛋白版相比有所改善，但现在也很难见到，基本已被PS版取而代之。

（4）多层金属版

多层金属版选用两种亲水性和亲油性相反的金属做印版，有双层金属版和三层金属版两种。根据图文凹下和凸起的形态，又分为平凹版和平凸版。目前使用最多的是二层平凹版和三层平凹版。铜皮上镀铬便制成了二层平凹版；铁皮上镀铜再镀铬或镍便制成了三层平凹版。多层金属版的网点还原能力不好，加上制版周期太长，工艺复杂，现在已经不再使用了。

2）PS感光树脂版

目前平版印版多以PS版为主，PS版是预涂感光版（PreSensitized Plate）的英文缩写，是一种可随时用于晒制印版的、预先制成的涂有感光膜的平版版材。

预涂感光平版从20世纪50年代开始应用至今，以其分辨率高、网点光洁、耐印力高等特点，逐步替代蛋白、多层金属版等版材，成为现代快速印刷的新型版材。PS版的感光版基使用铝版或铝箔纸，除金属外，还可使用纸、塑料等材料，感光层由感光剂、成膜剂与涂料合成。

因感光剂不同，PS版又可分为阳图版与阴图版两大类。光聚合型用阴图原版晒版，图文部分的重氮感光膜见光硬化，留在版上，非图文部分的重氮感光膜见不到光，不硬化，被显影液溶解除去。光分解型用阳图原版晒版，非图文部分的重氮化合物见光分解，被显影液溶解除去，留在版上的仍然是没有见光的重氮化合物。PS版的亲油部分是高出版基平面约 $3\mu m$ 的重氮感光树脂，是良好的亲油疏水膜，油墨很容易在上面铺展，而水却很难在上面铺展。重氮感光树脂还有良好的耐磨性和耐酸性。若经 $230℃\sim240℃$ 的温度烘烤 $5\sim8min$，而使感光膜珐琅化，还可提高印版的硬度，印版的耐印率可达20万~30万张。PS版的亲水部分是三氧化二铝薄膜，高出版基平面约 $0.2\sim1\mu m$，亲水性、耐磨性、化学稳定性都比较好，因而印版的耐印率也比较高。

PS版的砂目细密，分辨率高，形成的网点光洁完整，故色调再现性好，图像清晰度高。这种感光版性能稳定，耐印，制作简便，印刷的图像分辨率高，适用于印刷高质量的精细印刷品，如地图、彩色阶调类图像等。

3.凹版：图文部分低于空白部分的印版称为凹版

凹版印刷是四大印刷方式之一。它是一种直接印刷方法，其原理是将凹版凹坑中所含的油墨直接压印到承印物上，凹版印刷的印版是由一个个与原稿图文相对应的凹坑与印版的表面所组成的。印刷时，油墨被充填到凹坑内，印版表面的油墨用刮墨刀刮掉，

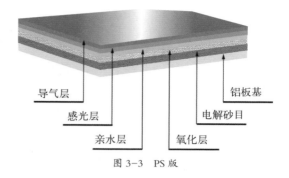

图 3-3　PS 版

印版与承印物之间有一定的压力接触，将凹坑内的油墨转移到承印物上，完成印刷。所印画面的浓淡层次是由凹坑的大小及深浅决定的，如果凹坑较深，则含的油墨较多，压印后承印物上留下的墨层就较厚；相反如果凹坑较浅，则含的油墨量就较少，压印后承印物上留下的墨层就较薄。

凹版印刷的特点是印制品墨层厚实，颜色鲜艳、饱和度高、印版耐印率高、印品质量稳定、印刷速度快。在印刷包装及图文出版领域内占据极其重要的地位。凹印主要用于杂志、产品目录等精细出版物，包装印刷和钞票、邮票等有价证券的印刷，而且也应用于装饰材料等特殊领域；在国内，凹印则主要用于软包装印刷，随着国内凹印技术的发展，凹版印刷也已经在纸张包装、木纹装饰、皮革材料、药品包装上得到广泛应用。

凹版按照制版方式可分为手工雕刻凹版、照相腐蚀凹版与电子雕刻凹版。

雕刻凹版发明于 1452 年。由最初的手工雕刻发展到后来的化学蚀刻，近代大部分凹版使用机械进行雕刻（图 3-4）。版面由深浅和粗细不同的点和线组成。凹版印刷品的线条略凸，光洁清晰，可防伪造，故多用于印刷钞票、邮票等有价证券。如我国人民币图案即为手工雕刻制版，具有较高的防伪性。

照相腐蚀凹版：发明于 19 世纪后期，在照相技术、碳素纸过版等技术的基础上，发明了照相凹版和用刮刀的凹版印刷方法。版面图文的着墨部分为有规则排列的网穴组成。一般呈正方形，大小相同，但深浅不一，容墨量不同。其印刷品墨色厚实，并能取得与原稿图像色调层次完整一致的印刷效果，是凹版印刷用得普遍的一种方式，所以也称为传统照相凹版（图 3-5）。

电子雕刻凹版：20 世纪中期，开始有凹版电子雕刻机，它用扫描头和电脑控制的钻石刻刀，在滚筒上刻出图文的着墨孔穴，呈倒金字塔形，大小和深浅都有变化。

图 3-4　电子雕刻凹版

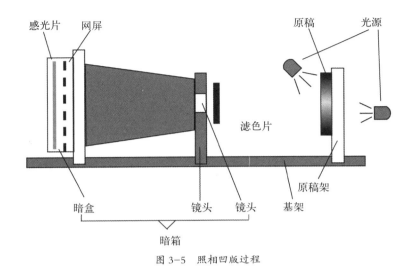

感光片　网屏　　　　　　　　　　　　　原稿　　光源

滤色片

暗盒　　　　　　　镜头　镜头　　　基架

原稿架

暗箱

图 3-5　照相凹版过程

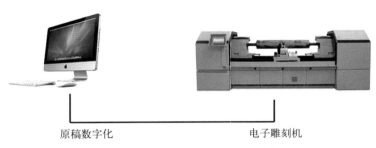

原稿数字化　　　　　　　　电子雕刻机

图 3-6　电子雕刻凹版

其印刷质量不亚于照相腐蚀凹版，并具有操作简单、制版时间短、无废液处理问题等优点（图 3-6）。

　　近代凹版印刷的印版大都制作在圆滚筒表面，采用圆压圆的印刷方式。通常压印滚筒在上，印版滚筒在下。印版滚筒下部浸在油墨槽中，版面从槽中取得油墨（也有用墨泵喷墨或由浸在墨槽中的墨辊传墨给版面的）。墨槽上方设有薄钢片刮刀压在印版滚筒表面，刮除版面上无图文处的油墨（也有用逆向旋转的揩墨辊揩拭的）。留存于版面图文着墨孔穴（或线）内的油墨，在转到两滚筒相切处时转移到通过该处的纸（塑料膜、铝箔等）上，印出图文。

　　凹版印版用于复制单色或彩色照相稿，与胶印或铜版凸印等相比较，具有墨层厚、层次丰富、印刷质量好、废纸率低、印版耐印、能长久存放等优点，尤其在粗质纸、玻璃纸、塑料膜、金属箔上印刷效果好。但凹版制版时间长、费用高，所以只有质量要求高的彩色图片、画册、画刊、书刊插图、明信片、商标、包装装潢、有价证券、建筑装饰材料等适合采用凹印。而且印刷产品数量大，用凹印才较为合算。又因印小号文字质量不好，故以文字为主的书刊一般不用凹印。

　　凹印油墨因必须易于进入印版的着墨孔穴并转移到纸上，所以流动性要好，常用易挥发的苯类为溶剂。为防止溶剂污染空气和防火，须重视密闭各污染源，回收溶剂及工作场所的通风换气。对于要求不降低印刷质量，但环保性更好的水基凹印墨的研究和应用，国内外都在积极探索中。

4.孔版

孔版是指图文部分为通孔的印版。孔版印刷又称丝网印刷，是四大印刷方法之一。丝网印刷最早起源于中国，距今已有两千多年的历史。早在中国古代的秦汉时期就出现了夹颉印花方法。到东汉时期夹颉蜡染方法已经普遍流行，而且印制产品的水平也有提高。至隋代大业年间，人们开始用绷有绢网的框子进行印花，使夹颉印花工艺发展为丝网印花。据史书记载，唐朝时宫廷里穿着精美的服饰就有用这种方法印制的。到了宋代丝网印刷又有了发展，并改进了原来使用的油性涂料，开始在染料里加入淀粉类的胶粉，使其成为浆料进行丝网印刷，使丝网印刷产品的色彩更加绚丽。

孔版印刷包括誊写版、镂孔花版、喷花和丝网印刷等。其原理是：印刷时通过刮板的挤压，使油墨通过图文部分的网孔转移到承印物上，形成与原稿一样的图文。丝网印刷设备简单、操作方便，印刷、制版简易且成本低廉，适印性强。丝网印刷应用范围广，常见的印刷品有：彩色油画、招贴画、名片、装帧封面、商品标牌以及印染纺织品等（图3-7、图3-8）。

目前市面上的丝网种类很多，如蚕丝丝网、尼龙丝网、涤纶丝网、金属丝网等，一般从成本与适用性方面考虑，尼龙丝网为市面上使用最普遍的丝网种类。

图3-7　镂空版　　　　　　　　　　图3-8　丝网版

3.1.2　常用印刷方式的制版过程

1.柔性版（凸版）制版流程

1）原稿：适合柔性印刷的原稿设计应具备如下特点：色数多，但叠印少；不要求再现特别小的细节；网线不太高，但能取得彩色印刷效果；可以联机做包装加工。

2）菲林（阴片）：符合制版需要，图文清晰、尺寸大小规格准确；用磨砂菲林，要求菲林四角密度一致；使用药膜正字；用透射密度仪量度，白位密度为0.06以下；黑位密度为3.5以上。

3）曝光：背曝光和主曝光

（1）背曝光：感光树脂版的支撑膜向上，保护膜向下平铺于曝光抽屉中接受曝光。紫外光线透过支撑膜使感光黏接层固化。目的是建立稳固的底基，也可控制洗版深度，加强支撑膜与感光树脂层的结合力。背曝光时间根据需要的底基厚度确定。

（2）主曝光：感光树脂版材支撑膜朝下，保护膜朝上。平铺在曝光抽屉中，将保护膜连续一次撕下，再将菲林药膜面贴在感光树脂版材上面，把真空膜平盖于菲林（非药膜面）上，抽真空，使菲林与感光树脂层贴合紧密。紫外线透过真空膜及菲林透光部分，使版材感光部分聚合固化。主曝光时间长短由版材型号和光源强弱确定。曝光时间过短会使图文坡度太直，线条弯曲，小字、小点部分被洗掉，反之曝光时间过长会敷版，字迹模糊。如果在同一张印版上有大、小字，粗、细线条，可视情况用黑膜遮盖分别曝光，细小部分就不会因冲洗丢失，以确保印版质量。

（3）冲洗：将未感光部分洗刷溶解，保留光聚合的浮雕。洗版时间长短根据印版厚薄和印纹深浅决定，洗版时间太短，版上会留下未感光的树脂而影响制版深度，洗版时间过长会使版材膨胀，导致精细部分变形或脱落。

（4）烘干：去除洗版溶剂，使印版恢复原来尺寸厚度。烘烤温度一般在50℃～60℃之间。烘烤时间依版材厚薄和洗版时间的长短确定，一般厚版两小时，薄版一小时。烘烤时间过长，烘版温度过高将会使印版变脆而影响印刷寿命。烘烤温度过低将延长烘干时间，烘烤时间过短，印刷时会出现烂版现象。

（5）后处理：即除黏与后曝光。使感光树脂彻底硬化（聚合）达到应有的硬度指标，并消除印版黏性，以利油墨传递。后处理时间由测试所得，目的在于不龟裂、不黏。

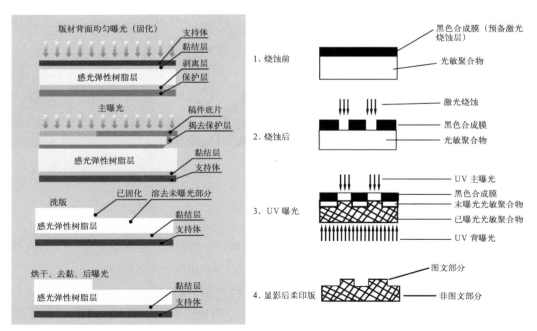

图3-9　柔性版制版流程示意图

图 3-10　柔版制版机

2. 平版制版流程

1) 剪片

胶片（又称菲林），由照排车间送到制版车间后，首先要做的是把胶片的空白部分剪掉，即剪片。正确的操作方法是，把胶片正面朝上放置在看版台上，先看清版号的奇偶，如果是奇码版，则剪掉胶片左边的空白部分；如有中缝，剪切时要尽可能靠里侧，以免拼版人员再加工；如果为偶码版，则剪掉胶片右边。以上为黑白版胶片的剪切方法，如果为彩色版胶片，一般需要在上下各留一个对位标记。

2) 拼版

拼版分书版与报版两种拼法。8 开报版一般采用书版拼法，常见的版数有 4、8、16、24 及 32 版，偶尔也会有 48 版或 64 版。通常在拼版时，是先把大版数分成有标志的几部分，如 A、B、C、D 几个版，如 64 页报版可分成 A32，B32 或 A、B、C、D 各 16 个版。

（1）报版常规拼版遵循下列规律：左边上下两边的版号之和与右边上下两边的版号之和相等，并且等于最大版号数加 1。如 32 版的情况，左右两边上下版号之和应当为 33；奇数版位与偶数版位位置固定，且左右两边小版版位与大版版位也固定，如在 32 个版的拼版过程中，32、25、1、8 四个版与 24、17、9、16 四个版分别拼在两个大版上，其中 32 与 24，25 与 17，1 与 9，8 与 16 版位相同。

（2）4 开报版的拼版一般遵循以下规律：版数为 20 以内，包括 20 时，拼版时以 4 个版为一组进行，且 4 个版中两头的 2 个版与中间的一个版分别拼在一起，即：1、4 和 2、3、5、8 和 6、7、9、12 和 10、11、13、16 和 14、15，17、20 和 18、19。版数大于 20 的情况，可以把版号数减去 20 的整数倍后，再按第一种情况的方法处理。如 48 可与 45 拼在一起，因为 48 与 45 分别减去 2 个 20 后所得的 8 与 5 是拼在一起的。奇数版与偶数版版位固定。即：1、3、5、7、9…与 2、4、6、8、10…版位是相同的。

3) 折手

拼版版式是通过折叠样张的方式得到的，折叠样纸的过程称为做折手。根据印刷设备与折页机折页方式的不同，折手方式也不相同。如 8 开版就有头对头与脚对脚之分，4 开版有报头向上与报头向下之分。一般情况下，对于有 2 个三角板或使用折页机的印刷设备，其折手

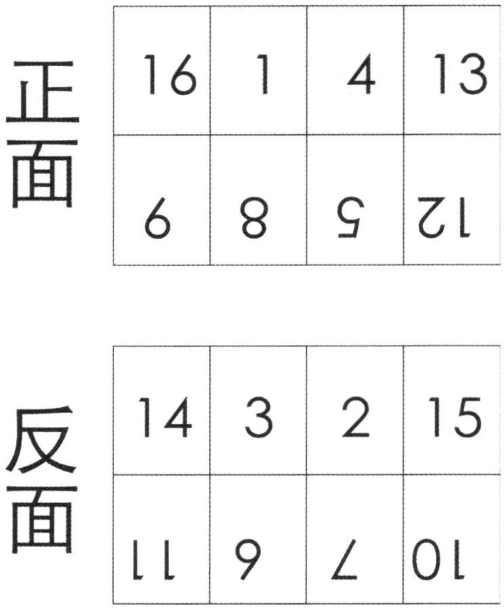

图 3-11　混合折页法三折页折手示意图

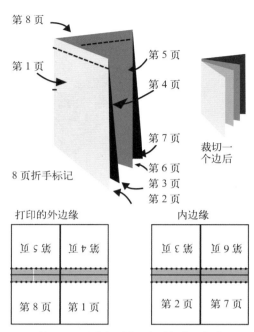

图 3-12　混合折页法两折页折手示意图

图 3-13　碘镓灯晒版机

均为两手，即对于 16 版的情况是前 8 大套与后 8 小套在一起；对于 24 版的情况是前 16 大套在一起再与后 8 小套在一起；对于 32 版，是前 16 与后 16 分别大套后再小套在一起（图 3-11、图 3-12）。

4）晒版

由于报纸印刷的时效性强，所以报社印刷厂制版车间一般提倡"弱曝光"的晒版方式，为的是在制版过程中节省时间，把晒版时间设置得短一些，并将冲版条件做相应的调整，以制出符合印刷要求的印版。另外，晒版时还需要注意晒版机玻璃的干净程度与真空泵的吸气情况（图 3-13）。

5）冲版（显影）

冲版时为了适合弱曝光的晒版条件，显影液的配比一般要比说明书上的配比浓度高。以显影液为例，说明书要求原液与水的配比为 1∶5 ~ 1∶8，而"弱曝光"一般要按 1∶4 的浓度配制。印版冲洗出来后，常有带脏情况，处理方法通常有两种，一是把印版重新冲洗一遍，但太浪费时间；另一种方法，也是较好的方法是向显影液中加入一定量的洗衣粉，通过增强冲版液分子活性的方法去脏（图 3-14、图 3-15）。

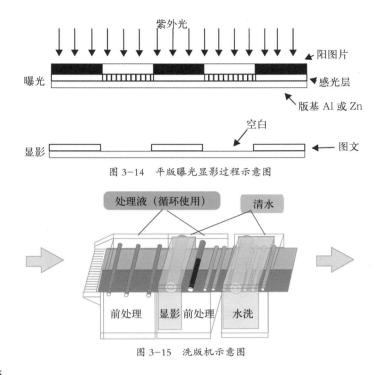

图 3-14 平版曝光显影过程示意图

图 3-15 洗版机示意图

6）修版

修版时最关键的一点是去除印版上不该有的胶片边痕。用修版笔修脏后的痕迹也一定要用湿布及时擦除，以免印刷时上脏。对于印版上的划痕，可以用细毛笔蘸少许稀硫酸涂在划痕处处理。

7）检查拼版质量

版面检查是印版上机前的最后一道工序，如果这道工序把关不严，将会给印刷厂带来较大的经济损失。检验版面除检查版面文字与图片有无断笔、少画、发虚的情况外，还要对版面的版位进行详细的检查，即使是连晒的印版仍需要检验 YMCK 四块印版一晒与二晒的偏差。晒版车间多是靠目测检验印版质量，但由于印版图文与空白部分反差小，长时间检测会产生疲劳，且有些差错不易检出。较好的检验方法是，冲洗后的印版及时提墨，加大印版的反差，以适应人眼的观察习惯。

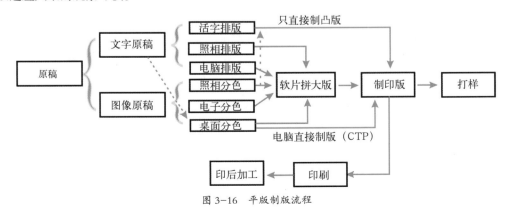

图 3-16 平版制版流程

3. 凹版制版流程

凹版印版有多种制作方法，可归纳为照像凹版（photogravure）制版和雕刻凹版制版（engraved intaglio plate）两大类。

1）照像凹版制版

（1）传统照像凹版制版

照像凹版又称影写版。它是用照像所得的阴像底片（可以足线划稿、连续调稿、单色稿或彩色分色片），拷翻成阳像底片。经修整后使用，在敏化处理后的碳素纸（carbon tissue）上，先用凹印用的网屏曝光，然后用阳像底片曝光，碳素纸上的感光层，按其阳像浓淡不同的密度，而发生不同程度的硬化，再将曝光后的碳素纸过版到铜滚筒面上，经温水浸泡，逐渐把没有硬化的胶质溶掉，再用三氯化铁溶液进行腐蚀。由于底片图文部分的层次密度不同，经冲后得到硬化程度不同的胶层，因此，在腐蚀过程中三氯化铁溶液对胶层的渗透程度也不同，按腐蚀时间的长短，形成了深浅不同的凹陷，从而得到图像层次丰富的凹版。

照像凹版制版工艺流程为：

照像→修版→拼版→晒版→过版→填版→腐蚀→打样→整版→镀铬

（2）深度相同的照像加网凹版

在照像凹版的制版过程中，产生各种不稳定的因素，影响制版质量。为了消除误差，提高质量，稳定生产作业，设计了照像加网凹版工艺。

照像加网凹版和影写版所使用的阳像底片是不同的。照像加网凹版是使用的网目半色调阳像底片，代替了影写版用的连续调阳像底片来晒印版滚筒。其制版工艺流程为：铜印版滚筒准备→脱脂、去除氧化层→涂布感光液→网点阳像底片晒版→显影和冲洗→涂墨→腐蚀→冲洗→脱膜→镀铬。

（3）深度不同的照像加网凹版

由照像凹版（影写版）与照像加网凹版两种制版方法结合起来，形成有深度变化的凹版。有几种制版方法，其中一种的工艺流程为：

原稿→连续调阴片→连续调阳片→晒碳素纸→过版→填版→腐蚀→网目半色调阳片打样→整版→镀铬。

由原稿拍摄得连续调阴像底片，经修正后拷贝得连续调阳像底片和加网的网目半色调阳像底片，在碳素纸上首先晒上网目半色调阳像底片。

该法相当于影写版的晒白线网屏，再晒连续调阳像底片，晒版时两张阳像底片必须套合非常准确。曝光完毕后，将碳素纸上的胶膜转移到铜印版滚筒上，其他工作与影写版的处理相同。

用此法制出的凹版，网点既有大小变化，又有深浅的不同。

2）雕刻凹版制版

雕刻凹版有：手工雕刻凹版、机械雕刻凹版和电子雕刻凹版。

手工雕刻凹版是用各种刻刀在铜版上雕刻而成的，可以直接刻出凹下的线条，也可以在铜版上先涂一层抗蚀膜，划刻抗蚀膜，露出铜版表面，再进行化学腐蚀。机械雕刻凹版是利用彩纹雕刻机、浮雕刻机、平行线刻版机，以及缩放刻版机等机械直接雕刻，或划刻铜表面的抗蚀层再腐蚀制成凹版。

手工或机械雕刻的凹版线条细腻，版纹精巧，主要用来印刷具有防伪价值的纸币、债券等。

电子雕刻凹版，利用电子雕刻机，按照光电原理，控制雕刻刀，在滚筒表面雕刻出网穴，其面积和深度同时发生变化。电子雕刻凹版，是 20 世纪 60 年代出现的制版方法，其特点是不用碳素纸晒印，不再进行化学的腐蚀。以图像处理后的底片为原稿，利用电子回路的雕刻机，在铜印版滚筒表面，直接雕刻出网穴制成印版。

电子雕刻凹版的画面细腻，层次丰富，质量容易控制，目前广泛地用于凹版印刷之中（图 3-17）。

（1）电子雕刻机工作的基本原理

电子雕刻机由原稿滚筒（或称扫描滚筒）、印版滚筒、扫描头、雕刻头、传动系统、电子控制系统等组成。

电子雕刻机的工作原理是：扫描头对原稿进行扫描，从原稿上反射回来的强弱不同的光信号，经过光电转换器使光信号转换成电信号，再通过放大器和数据处理，使光的强弱转换为电流的大小，控制雕刻头在铜滚筒上进行雕刻。

电子雕刻机工作时，原稿滚筒和雕刻滚筒同步运转，同时，雕刻系统沿着滚筒轴向移动，用尖锐的钻石刀在雕刻滚筒上按信号雕刻出网穴，如图 3-18 所示。雕刻系统由扫描系统通过计算机来控制，铜滚筒上形成的穴网，是计算机中一附加信号生成的，此信号能使刻刀连续有规则地振动，网穴的大小及深度由原稿的密度来决定，被扫描原稿的密度和被刻出的网穴深度之间的数量关系，可以在计算机上调整。

电子雕刻机的功能越来越多，如能进行圆周方向倍率的变化，圆周方向无缝雕刻，自动选择层次，调整网穴角度等。

（2）电子雕刻的凹版制作

电子雕刻的凹版制作过程为：制扫描底片→安装印版滚筒→测试→雕刻→镀铬。

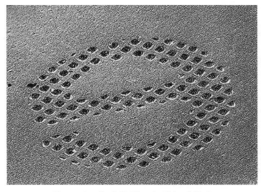

图 3-17 电子雕刻凹版的版面状态

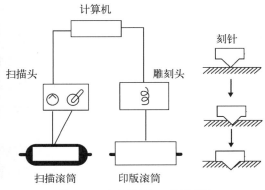

图 3-18 电子雕刻机工作原理图

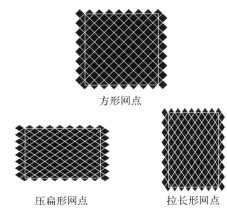

方形网点

压扁形网点   拉长形网点

图 3-19   网点角度示意图

①制扫描底片：以往的扫描底片，采用的是连续调的乳白片，造价昂贵，底片质量很难控制。20世纪 80 年代，电子雕刻机加入电子转换组件，按设计好的程序进行胶凹转换，即用胶印用的加网底片雕刻凹版。因此，现在大多使用分色加网的底片制版。

②安装印版滚筒：用吊车将印版安装在电子雕刻机上，雕刻前清除版面的油污、灰尘、氧化物。把扫描底片平服地黏贴在原稿滚筒上。

③测试：根据原稿（扫描片）的要求和油墨的色相，结合印刷产品制定试刻值，例如，装饰印刷的纸张比较粗糙，吸墨性强，雕刻深度须在 45 ~ 50μm 才能达到印刷要求，必须调整雕刻放大器上的电流、电压。

④雕刻：扫描头对原稿进行扫描，雕刻头与扫描头同步运转，印版滚筒表面被雕刻成深浅不同的网穴。

新型的电子雕刻机有三种形状的网点角度，可以在操作时任意选择，以免发生因套印不准而产生的龟纹。三种网点角度如图 3-19 所示。

在雕刻文字时，细微的笔道不能丢失，必须选用细网线雕刻，如果用 100 线 /cm，文字的雕刻可以达到十分理想的效果。

现在，电子雕刻凹版多采用分体式的电子雕刻系统制版，即扫描仪和电子雕刻机分离，分别和图像工作站的输入、输出接口相连。扫描仪能扫描阳图、阴图底片，也能扫描乳白片还能进行胶凹转换。工作站具有多种图像处理功能，对图像可进行整体、局部的色彩修正、剪切、组合、缩放和色彩渐变。使黄、品红、青图像与线条图像合二为一等。电子雕刻机的网线范围为 31.5 ~ 200 线 /cm。

4. 网版制作流程

孔版印刷是一种历史非常悠久的印刷方式，丝网印版是目前最常用的孔版类型，能适应不同介质的印刷要求。在丝网印刷的流程中，制版是非常重要的环节，只有制版工作成功完成，丝网印刷的效果才有保证。根据丝网印刷制版方式的不同，丝网印刷制版流程也有一定区别。

1）丝网印刷的直接制版法。直接制版法是直接采用感光材料片基制版的办法。在制作丝网印刷版时，先将涂有感光材料的腕片基感光膜放置在工作台上，然后将腕网框绷好平放在片基上，放入感光浆，采用软质刮板加压涂布，让其充分干燥，最后揭去塑料片基，将感光膜腕丝网进行显影、干燥处理，网版制作完成。

2）丝网印刷的间接制版法。间接制版法是首先将间接菲林曝光，而后制版的方法。制版前，将曝光后的间接菲林用 1.2% 的 H_2O_2 溶液硬化后，温水显影，干燥后制成可剥离图形底片备用。制版时将图形底片胶膜面与绷好的丝网贴紧，通过挤压使胶膜与湿润丝网贴实，然后揭下片基，风干，制版过程结束。

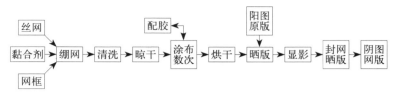

图 3-20 丝网制版流程

3.2 印版的选用

1.柔性版印刷

主要特点：适用于各种承印材料，对各种线条原稿和一般网点印刷均可得到良好效果，成本比较低廉。

应用示例：软包装印刷、标签印刷、瓦楞纸板印刷、包装纸盒印刷，使用水性油墨可实现无污染印刷，在医药、食品包装印刷中得到广泛应用。

图 3-21 柔版印刷瓦楞纸板

图 3-22 柔版印刷无纺布袋

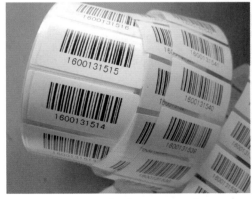

图 3-23 柔版印刷不干胶标签

图 3-24 柔版印刷纸杯

2. 平版胶印

主要特点：网点清晰，层认丰富，色彩再现性良好，应用广泛。

应用示例：样本、广告、商标，金属印刷等。

图 3-25　胶印杂志　　　　　　　　　　　　图 3-26　胶印手提袋

图 3-27　胶印教材　　　　　　　　　图 3-28　胶印贺卡、名片、明信片

3. 凹版印刷

主要特点：墨层厚实，有立体感，层次鲜明，适用于软包装材料印刷。

应用示例：各种塑料薄膜、复合纸袋、壁纸和建材印刷等。

图 3-29　凹印烟盒　　　　　　　图 3-30　凹印食品包装　　　　　图 3-31　凹印塑料提袋

4. 丝网印刷

主要特点：墨层厚实有重量感，耐久性好，适用于各种承印材料及成型物印刷。

应用示例：纸张、纸板，织物及各种包装容器等印刷。

图 3-32　网印 T 恤衫　　　　　　　　　　图 3-33　网印光盘

图 3-34　网印金属标牌　　　　　　　　图 3-35　网印纺织品

项目小结

本项目分别介绍了凸版、凹版、平版和孔版印版的特点、应用，以及常见印版的制版工艺流程，并以各种常见印版的印刷特点举例介绍了印版的选用。学生通过本项目的学习，可以根据印刷品要求选用合适的印版，并完成相应的制版工作。

课后练习

1）列举印版的分类以及各自的结构特点。

2）简述柔性版制版流程。

3）简述平版制版流程。

4）简述凹版制版流程。

5）简述网版制版流程。

6）列举各种印版的印刷特点。

参考文献

[1] 郝晓秀 . 包装材料性能检测与选用 [M]. 北京：中国轻工业出版社，2010.

[2] 骆光林 . 包装材料学 [M]. 北京：印刷工业出版社，2001.

[3] 唐裕标 . 印刷材料 [M]. 北京：印刷工业出版社，2008.

[4] 齐晓堃，郝晓秀 . 印刷材料 [M]. 北京：化学工业出版社，2009.

[5] 齐晓堃 . 印刷材料及适性实验指导书 [M]. 北京：印刷工业出版社，2009.

[6] 艾海荣 . 印刷材料 [M]. 北京：印刷工业出版社，2009.

[7] 中国印刷科学研究所 . 印谱 [M]. 北京：印刷工业出版社，2009.